灵芝
栽培技术

曾凡清 ◎ 主编

中国农业出版社

农村读物出版社

北 京

《灵芝栽培技术》编者名单

主　编　曾凡清

参编人员（以姓氏笔画为序）

　　　　叶晓菊　吕明亮　吴志鹏

　　　　张　波　蔡月冬　薛振文

前

言

　　灵芝是传统名贵药用菌，古今药理研究与临床研究均证明，灵芝有防病治病、延年益寿之功效。《神农本草经》《本草纲目》，都对灵芝的功效有详细记载，灵芝被列为"药中之上品"。《中华人民共和国药典》（2020年版　一部）将赤芝和紫芝作为灵芝的法定中药材。灵芝甘、平，归心、肺、肝、肾经，具有补气安神、止咳平喘的作用，常用于治疗心神不宁、失眠心悸、肺虚咳嗽、虚劳短气、不思饮食。2001年，国家卫生部将赤芝、紫芝和松杉灵芝列为"可用于保健食品的原料"，现代药理学与临床实践进一步证实了灵芝的药理作用，并证实灵芝能够扶正固本、滋补强身、延年益寿等。以灵芝作为主要原料的保健食品有1 080多种，以灵芝为原料的药品和复方有近1 500个，灵芝产量超500万t，产值超100亿元人民币。

　　2016年，习近平总书记在全国卫生与健康大会上指出："要把人民健康放在优先发展的战略地位，以普及健康生活、优化健康服务、完善健康保障、建设健康环境、发展健康产业为重点，加快推进健康中国建设，努力全方位、全周期保障人民健康，为实现'两个一百年'奋斗目标、实现中华民族伟大复兴的中国梦打下坚实健康基础。"人民健康是经济社会发展的基础条件，是民族昌盛和国家富强的重要标志，也是广大人民群众的共同追求。2016年10月25日，《"健康中国2030"规划纲要》由中共中央、国务院印发并实施。

浙江海拔从5m至1929m，年平均降水量1800mm左右，雨水充沛，气候四季分明，生态类型多样，灵芝资源丰富且品质上乘。早在20世纪80年代，浙江就开始人工栽培灵芝；20世纪90年代初，浙江开始进行大规模熟段木栽培灵芝，并逐渐形成了集菌种、种植、加工、销售为一体的灵芝产业化体系，因此，浙江成为灵芝种植、加工的主产区和主销区。随着生活水平的提高，人们的保健意识也越来越强，而灵芝作为从古至今都享有盛誉的中药材，也越来越受到人们的关注和喜爱。

随着灵芝栽培技术的成熟和栽培工艺的优化，越来越多的栽培模式在灵芝生产上应用推广。灵芝的栽培模式从传统的熟段木栽培发展到代料栽培、工厂化栽培以及近几年的林下仿野生栽培，逐步形成了符合我国国情的栽培技术体系，不同的栽培模式对栽培技术的要求也各不相同。本书从灵芝的分类、主要成分、药用价值等方面介绍了灵芝的主要情况，同时也介绍了国内灵芝栽培的主要工艺。

在编著过程中，不同的栽培模式分别邀请了国内灵芝主产区的相关科技工作者编撰，但受诸多条件限制，难以将所有科技工作者的成果和最新研究理论纳入本书，甚至书中可能存在不妥之处，敬请读者提出宝贵意见。

本书在编著过程中参考了大量文献资料，未在书中一一列出，谨向作者致以衷心的感谢和崇高的敬意。

编 者

2022年2月

目

录

1

第一章
灵芝概述

一、灵芝的定义

灵芝又称赤芝、红芝等，在我国野生分布范围广泛且栽培面积广大。广义的灵芝是指灵芝属（*Ganoderma*）几个栽培种的统称。在我国，灵芝栽培的种类有：赤芝（*Ganoderma lucidum*）、松杉灵芝（*Ganoderma tsugae* Murrill）、热带灵芝 [*Ganoderma tropicum* (Jungh.) Bres.]、树舌灵芝 [*Ganoderma applanatum* (Pers.) Pat.] 等。狭义的灵芝是指赤芝，该种自然分布于四川、云南、山东、河北、浙江、江苏、安徽、江西等省份，在夏秋季生长于多种阔叶树的垂死木、倒树和腐木上，也是人工栽培规模最大的灵芝种。

二、分　　类

现代植物学者和真菌学者，都把真菌解释为："有真正细胞核、没有叶绿素的生物，它们一般都能进行有性繁殖和无性繁殖，能产生孢子，它们的营养体通常是丝状的且有分枝的结构，具有甲壳质或纤维质的细胞壁，并且是进行吸收营养的生物"。这个定义把真菌和不具有真正细胞核且没有丝状营养体的细菌明确加以区别，同时也将真菌和那些不具备细胞壁的且以原生质体团为营养结构的黏菌相区别。

在邓叔群著《中国的真菌》（1963）一书中，灵芝属划到多孔菌科内，即植物界→孢子植物→真菌门→担子菌纲→多孔菌目→多孔菌科→灵芝属。

赵继鼎等（1979）曾报道中国灵芝有53种（包括9个新种），且含1个变种和1个变型，并提出灵芝类群的分类系统：亚科隶属于多孔菌科，亚科下包括灵芝（*Ganoderma*）和乌芝（假芝，*Amauroderma*）两属，灵芝属下分灵芝和紫芝两组。灵芝组下又分灵芝和粗皮灵芝两亚组；紫芝组下又分紫芝和树舌灵芝两亚组。

在邵力平等人的《真菌分类学》（1984）一书中，根据Ainsworth等（1973）提出的分类系统，将真菌作为菌物界中的一个门，灵芝属在真菌门中5个亚门、18个纲、68个目中的分类位置是：真菌门，担子菌亚门，层菌纲，非褶菌目，灵芝菌科，灵芝属。

灵芝属的灵芝种类较多，本书简述的灵芝栽培工艺主要是指灵芝属赤芝类品种。

三、主要成分和药用价值

灵芝的化学成分主要有：三萜类化合物近350余种，多糖类化合物50余种，甾醇类化合物30余种，核苷类化合物5种，倍半萜及杂萜类化合物190余种。同时，灵芝中还含有生物碱类、氨基酸类、多肽类、神经酰胺、2，3-二氢-1H-茚、呋喃衍生物（6种）、异戊二烯氢醌及其他类。

（一）主要成分

据测定，每100g灵芝含蛋白质4.98%～7.78%、脂肪1.4%～2.5%、碳水化合物40.8%～48.3%、粗纤维34.9%～42.8%、灰分1.3%～1.5%。灵芝含热量12.1～12.9kJ/g；含微量元素锰32.01～62.26μg/g、铬0.9～2.1μg/g、铜3.74～5.35μg/g、铁141.02～377.05μg/g、钙491.62～2 251.53μg/g、

镁377.75～805.0μg/g、锌3.20～9.86μg/g；含氨基酸17种，总量19.16～46.35g/kg，其中必需氨基酸总量6.77～17.06g/kg，必需氨基酸所占比例35.33%～36.81%；含14种脂肪酸，其中饱和脂肪酸8种、质量分数29.82%～34.80%，不饱和脂肪酸6种、质量分数65.20%～70.18%；含灵芝酸A 0.44～5.08mg/g、灵芝酸B 0.07～0.54mg/g（陈杰，2016）。

灵芝是我国传统名贵中药材，市场主要从三萜类化合物、多糖类化合物、核苷类化合物、甾醇类化合物、生物碱等成分的含量来评价灵芝的品质。

1.三萜类化合物　三萜类化合物是灵芝的主要化学成分之一，也是评价灵芝品质的主要指标之一。1982年，Kubota等人首次从赤芝子实体中分离得到三萜类化合物，此后10年来，对三萜类化合物研究最多的是日本，其次是中国。灵芝中的很多三萜类化合物具有生理活性，如灵芝酸A、灵芝酸B、灵芝酸C和灵芝酸D能抑制小鼠肌肉细胞组胺的释放。灵芝酸F有很强的抑制血管紧张素转化酶的活性。赤芝孢子酸A对四氯化碳和半乳糖胺及丙酸杆菌造成的小鼠转氨酶升高均有降低作用。赤芝孢子内酯A具有降低胆固醇作用（马林等，2002）。因此，对三萜类化合物的进一步深入研究有利于阐明灵芝药理活性和寻找灵芝的有效成分。随着研究的深入，到目前为止，学者已从赤芝子实体和孢子粉中分离得到112种三萜类化合物（陈若芸，2000）。

多数三萜类化合物具有苦味，依据分子中所含碳原子的数量不同，分为C_{24}、C_{27}、C_{30}三种；依据结构、官能团不同，又可分为灵芝酸（ganoderic acid）、灵芝酸甲酯（methyl ganoderate）、灵芝孢子酸（ganosporeric acid）、赤芝孢子内酯（ganodsporelactone）、赤灵酸（ganoderernic acid）、灵赤酸（ganolucidic acid）、灵赤酸甲酯（methyl ganolucidate）、灵芝醇（ganoderiol）、灵芝醛（ganoderal）、赤芝酸（lucidenic acid）、赤芝酸甲酯（methyl lucidenate）、赤芝酮（lucidone）、灵芝内酯（ganolactone）和赤芝醛（lucialdehyde）等10多种。灵芝三萜类化合物，其成分的相对

3

分子质量一般为400～600，化学结构复杂，为高度氧化的羊毛甾烷衍生物（高建莉等，2005）。

2.多糖类化合物　多糖类化合物是灵芝的主要化学成分。据现代医学证明，灵芝多糖具有抗肿瘤、免疫调节、降血糖、抗氧化及抗衰老等作用。人工栽培主要以赤芝居多，因此对灵芝多糖的研究也主要以赤芝研究为主，针对树舌灵芝、紫芝、松杉灵芝的多糖研究相对较少。目前，分离得到的灵芝多糖有200多种，主要以杂多糖形式存在，其中大部分为β型葡聚糖，少数为α型葡聚糖，组成灵芝多糖的单糖类型以葡萄糖（Glc）、半乳糖（Gal）、阿拉伯糖（Ara）、甘露糖（Man）、糖醛酸（GlcA）、半乳糖醛酸（GalA）存在。由以上单糖组成的灵芝多糖有匀多糖（葡聚糖、半乳聚糖等）、杂多糖等中性多糖，也有糖链与肽链链接组成肽多糖，并有少量酸性多糖（毛健等，2010）。单糖之间的连接方式，主链以β-（1→3）、β-（1→4）糖苷键连接，支链以β-（1→6）糖苷键连接。随着多糖种类的不同，多糖相对分子质量之间有很大差异，但一般都为上万道尔顿。

徐雪峰等（2017）在对赤灵芝多糖（GLP）分离纯化时得到了4个主要多糖组分：GLPa、GLPb、GLPc、GLPd，得率分别为29.6%、21.1%、13.7%和4.8%。在对得率较高的GLPa、GLPb、GLPc进一步分离纯化后，从中纯化出得率较高的GLPa-2、GLPb-1、GLPc，再对其成分分析，GLPa-2主要由阿拉伯糖、木糖、甘露糖和葡萄糖4种单糖组成；GLPb-1、GLPc主要由阿拉伯糖、木糖、甘露糖、半乳糖和葡萄糖5种单糖组成，其不同在于各单糖的组成及其比例不同。

王冠英等（2011）对松杉灵芝子实体多糖进行研究，从肿瘤增殖抑制率为95.5%的多糖进一步分离、纯化得出，此多糖的构成是以半乳糖和葡萄糖为主，伴有甘露糖、岩藻糖等杂多糖，含糖量80.9%。进一步分析得出其葡聚糖链主要是（1→3）-β-葡萄糖苷结合。从对肿瘤增殖抑制率为89.9%的多糖进一步分析得出，构成糖是以半乳糖和葡萄糖为主的杂多糖蛋白复合体，平均相对分子质量为 8 000 左右。对肿瘤增殖抑制率为 95.1% 的多糖分析得出，此多糖含糖量 69.3%，蛋白质含量较低，仅 5.5%，相对分子质量约 11 万，是具有（1 → 6）-β-分支链的（1 → 3）-β-D-葡聚糖。对具有最高抑制肿瘤细胞活性的多糖进行分析得出，此类多糖构成均是葡聚糖蛋白复合体，多糖和蛋白的比例为（64.4 ～ 71.5）：（10.7 ～ 35.0）（w/w），相对分子质量为 1.0 万～ 19.0 万，多糖部分主要由（1 → 3）-β-D-葡聚糖链构成。

　　3.核苷类化合物　核苷类化合物是具有广泛生理活性的一类水溶性化合物，是生物遗传和信息传递不可或缺的物质基础，主要包括碱基、核苷、核苷酸及上述化合物的衍生物或类似物。张圣龙等（2012）通过高效液相色谱法（HPLC）对赤芝子实体中核苷类物质的分析，得到 4 种主要核苷类化合物，分别是：尿嘧啶、尿苷、腺嘌呤、鸟苷。不同灵芝品种的核苷含量存在着较大差异。余竞光等（1990）在对薄盖灵芝深层发酵菌丝体的核苷进行分析时，得到 5 种核苷类化合物，其中灵芝嘌呤是新发现的化合物。任为之等（2009）采用毛细管电泳法测定灵芝中核苷类化合物的成分，得出：灵芝中主要成分为腺苷、鸟苷、尿苷和肌苷，其含量分别为 2.33 ～ 116.6mg/L、2.08 ～ 104.2mg/L、2.06 ～ 103.0mg/L、1.08 ～ 43.2mg/L。

　　4.甾醇类化合物　人类最早认识植物甾醇的功能作用是从其降低血液中胆固醇含量的研究开始的。许多研究证明，补充植物甾醇能显著降低血液中总胆固醇（TC）和低密度脂蛋白（LDL）水平，而不降低高密度脂蛋白（HDL）和甘油三酯的水平，降低 LDL/HDL 比值，并无明显副作用。甾醇类化合物几乎存在于目前研究的所有真菌中。从药用真菌分离到近 70 种甾醇类化合物，以麦角甾类化合物为主，其中过氧麦角甾类化合物有 15 种。灵芝中甾醇含量比较高，其中麦角甾醇含量达 3‰，从学者对灵芝的研究进展来看，已知从灵芝中分离得到的甾醇有近 20 种，其骨架分别是麦角甾醇类和胆甾醇类两种类型。

　　5.生物碱　生物碱是灵芝中具有重要生理活性的物质，具有改善冠状动脉血流量、降低心肌耗氧量和降低胆固醇的作用。灵芝中生物碱含量较低，仅从野生灵芝、赤灵芝孢子粉和薄盖灵芝中分离出过生物碱。灵芝中生物碱主要包括胆碱、甜菜碱、γ-氨基丁酸和硫组胺酸甲基胺盐等。余竞光等（1990）从薄盖灵芝中获得了两个新的吡咯生物碱：灵芝碱甲和灵芝碱乙。灵芝碱甲为N-异戊基-5-羟甲基吡咯甲醛，灵芝碱乙为N-苯乙基-5-羟甲基吡咯甲醛。侯翠英等（1988）从灵芝孢子粉中首次分离出胆碱。

6.呋喃衍生物　陈志杰等（2010）从韩国灵芝菌丝体中，通过采用顶空固相微萃法（HS-SPME），气相色谱质谱法（GC-MS）萃取对灵芝菌丝体挥发性风味物质进行检测，从中得到3种呋喃类物质：5-甲基-2-呋喃甲醛、倍半玫瑰呋喃、二氢-5-戊基-2（3H）-呋喃酮。

7.氨基酸、多肽和蛋白质　肽和氨基酸是具有生理意义的极为重要的物质，是组成蛋白质的基础物质。而蛋白质是生物细胞中最重要的有机物质之一，是细胞结构中最重要的成分。

灵芝含有多种人体必需氨基酸，具有很高的营养和药用价值。灵芝中的氨基酸类物质有：天门冬氨酸、谷氨酸、赖氨酸、鸟氨酸、脯氨酸、丙氨酸、甘氨酸、丝氨酸、苏氨酸、酪氨酸、缬氨酸、亮氨酸、苯丙氨酸、γ-氨基丁酸等。其中天门冬氨酸、谷氨酸、丙氨酸和亮氨酸在灵芝菌丝体、子实体以及孢子粉中含量较高。灵芝因种类不同，各种氨基酸的含量也存在差异。

何慧等（1997）将发酵灵芝粉的水和醇提取物经阳离子交换柱进一步纯化，依次用酸性、中性和碱性淋洗液洗脱，得酸溶性、水溶性和碱溶性的肽类化合物。研究发现其对羟基自由基的抑制作用不同：中性洗脱部分强于碱性洗脱部分，其抑制率高达81%；酸性洗脱部分抑制作用不明显。

Tanaka等（1989）从灵芝中分离出一种新的免疫调节蛋白LZ-8，并且获得了其全部氨基酸顺序。LZ-8含有110个氨基酸，相对分子质量12 420，等电点为4.4，含有大量的天冬酰胺（或天冬氨酸）和缬氨酸，糖含量很低（1.3%）；它能刺激外周血淋巴细胞，促进IL-2的产生，从而促进细胞生长。

Kawagishia等（1997）利用亲和色谱从灵芝菌丝体中分离出两种新的灵芝凝集素GLL-M和GLL-F。GLL-M相对分子质量18 000，甘氨酸、丙氨酸、天冬酰胺和苏氨酸含量较高，等电点为4.5，糖含量为4.0%。GLL-M和GLL-F均对天然人体红细胞无凝聚作用，只对链霉素蛋白酶处理的血细胞有凝集作用。

8.微量元素　灵芝中含有多种微量元素。灵芝对锗有富集作用，高春义等（1995）的研究表明富锗灵芝菌丝体的抑制肿瘤作用主要是由于锗含量增高而产生的。灵芝多糖锗可抑制小鼠S-180肉瘤的生长，能增强荷瘤小鼠腹腔巨噬细胞的活性（牛建伟等，2000）。

9.其他　从灵芝中还可得到其他物质，如苯甲酸、硬脂酸、棕榈酸，以及甘露醇、海藻糖、盐酸等。

（二）药用价值

灵芝是中国传统的药用真菌，一直被市场定义为传统的名贵中药材，具有治疗神经衰弱、心悸头晕、夜寐不宁、慢性肝炎、肾盂肾炎、支气管哮喘、积年胃病、冠心病等症状，还可治疗食毒蕈中毒（刘波，1984）。《中华人民共和国药典》指出灵芝具有"补气安神、止咳平喘"的功能，主治"心神不宁、失眠心悸、肺虚咳喘、虚劳短气、不思饮食"等病症。《神农本草经》根据中医阴阳五行学说，按五色将灵芝分为龙芝（青芝）、丹芝（赤芝）、金芝（黄芝）、玉芝（白芝）、玄芝（黑芝）5类，即称之为五芝。此外附木芝（紫芝）。该书详细地描述了6类灵芝的药性、气味和功能主治，指出：青芝"酸，平，无毒"，可"明目，补肝气，安精魂，仁恕"；赤芝"苦，平，无毒"，主治"胸中结，益心气，补中，增智慧，不忘"；黄芝"甘，平，无毒"，主治"心腹五邪，益脾气，安神，忠信和乐"；白芝"辛，平，无毒"，主治"咳逆上气，益肺气，通利口鼻，强志意，勇悍，安魄"；黑芝"咸，平，无毒"，主治"癃，利水道，益肾气，通九窍，聪察"；紫芝"甘，温（平），无毒"，主治"耳聋，利关节、保神、益精气，坚筋骨，好颜色"。该书还强调此6种灵芝均可"久食轻身不老，延年神仙"。

我国古代学者根据经验，已对自然环境中常见灵芝的药性、主治和功用做了论述。20世纪50年代，经人工栽培灵芝技术的研究与发展，所有灵芝品种都可采用人工干预进行栽培，而后又发展了灵芝深层发酵培养菌丝体和发酵液的技术，辅以现代各种分析仪器和方法的发展，学者研究灵芝获得原料更加便利的同时，也为深入分析灵芝成分及其功效提供了助力。

1.体内抗肿瘤作用 灵芝对实验动物的移植性肿瘤有显著的抑制作用。

Sasaki（1971）从树舌灵芝子实体中分离出多糖成分G-Z对小鼠肉瘤S-180有抑制作用，抑制率为54.7%。Ohtsuka等（1976）从松杉灵芝菌丝体的热水提取物中分离出一种相对分子质量为100 000的多糖（含63%葡萄糖、12%半乳糖、13%甘露醇和12%木糖），该多糖可抑制小鼠肉瘤S-180。Hitoshi等（1977）从灵芝中提取的4种多糖经腹腔注射后对小鼠肉瘤S-180的抑制率为83.9%，半数动物肿瘤完全消退，并提出灵芝的抗肿瘤活性成分似为含少量蛋白质的多糖。

李旭生等（1984）研究证明，灵芝菌丝体提取物（GLP）对C3H小鼠的肌纤维恶性肿瘤有明显的抑制效果，而且对肺部转移病灶亦有抑制作用。体外试验时，GLP对P3HR-1细胞核脑膜瘤细胞有抑制作用。

"灵芝在体外具有抗肿瘤作用"这一结果曾被Toth等（1983）报告，他们从赤芝菌丝体中提取到的6种三萜类化合物对肝肉瘤细胞（HTC）的生长有明显的抑制作用。张群豪等（2000）在探讨灵芝抗肿瘤作用机制的研究中，采用灵芝子实体提取物和不同的灵芝多糖对体外培养的肿瘤细胞进行处理，将浓度50 ～ 200μg/mL的灵芝浸膏（GLE）加到体外培养的S-180细胞培养基中，结果发现GLE对S-180细胞的增殖无直接抑制作用。同时，将灵芝多糖

GL-B（50～200μg/mL）直接加入到人白血病细胞（HL-60）培养基中，GL-B对HL-60细胞增殖亦无抑制作用。灵芝菌丝体多糖（5.9～750μg/mL）对HL-60细胞的体外生长亦无抑制作用。从研究可以看出，灵芝及其所含多糖不能直接抑制或杀死肿瘤细胞，即它们并非细胞毒类抗肿瘤药。

灵芝及其有效成分灵芝多糖类在体内具有抗肿瘤作用，而在体外又未发现其具有细胞毒作用。那么灵芝多糖类物质是如何杀死病毒的呢？

通过张红等（1994）、Wang等（1997）、张群豪等（1999）的进一步研究，灵芝及其所含多糖在体内可直接作用于单核巨噬细胞和淋巴细胞，促进TNF-α mRNA和IFN-γ mRNA表达，增强TNF-α和IFN-γ生成，也促进巨噬细胞IL-1和IL-6生成，在这些细胞因子的作用下，抑制肿瘤细胞增殖，诱导肿瘤细胞凋亡，最终杀死肿瘤细胞。

2.免疫调节作用 林志彬等（1980）从灵芝子实体中提取灵芝液和灵芝多糖D6，通过对小鼠腹腔灌药可以得出，此两种物质均能明显提高小鼠腹腔巨噬细胞吞噬鸡红细胞的能力且比对照组高。同时对从松杉灵芝的子实体和菌丝体提取的灵芝多糖的研究可以看出，两者均能恢复小鼠因注射氢化可的松而降低的静脉注射的碳粒廓清速率，并使之恢复至正常水平。谭艳平等（2018）用环磷酰胺诱导雏鸡的免疫抑制模型，发现灵芝多糖可以保护雏鸡免受环磷酰胺（CTX）介导的免疫抑制作用，灵芝多糖可以增加胸腺和脾脏重量与体重的比例，促进T细胞和B细胞存活、增殖并且还可以增加TNF-α和IL-2的水平。

灵芝多糖还能改善免疫抑制动物免疫器官中的细胞凋亡，氧自由基的产生和脂质过氧化。PSG-1的免疫效果与免疫器官中谷胱甘肽过氧化物酶、超氧化物歧化酶和过氧化氢酶活性的增强有关，意味着灵芝多糖的抗氧化活性可能在灵芝多糖诱发免疫保护中起着重要的作用。

Ma（1991）等学者通过对灵芝、树舌灵芝、薄芝多糖的研究可以得出，灵芝还可以促进免疫细胞因子的产生。免疫细胞因子是由机体免疫细胞合成和分泌的一类小分子多肽，如白介素（IL）、干扰素（IFN）、肿瘤坏死因子（TNF）、集落刺激因子（CSF）等免疫细胞因子除影响免疫系统外，还影响造血系统、神经系统、内分泌系统和心血管系统等。它们不仅影响生理功能，还可引起病理反应。免疫细胞因子的合成与分泌受药物影响，灵芝也是通过影响免疫细胞因子的合成与分泌，从而影响免疫功能的。

同时，灵芝多糖可以增加IL-2的产生，使衰老引起的IL-2降低恢复至年轻小鼠的正常水平，从而增强老年小鼠DNA多聚酶α活性，为抗衰老提供重要的作用。

陆正武等（1999）首先报告了灵芝多糖肽（GPP）在体外可拮抗高浓度吗啡所致的免疫抑制作用。通过对小鼠注射GPP（50～800μg/mL）可明显缓解注射吗啡所带来的症状，提高小鼠腹腔巨噬细胞的吞噬功能。

3.抗放射作用　林志彬等（1980）在研究中发现，在对小鼠进行一定^{60}Coγ射线照射前喂食灵芝液（10g/kg）20d，照射后继续喂食2周，能显著降低小鼠的死亡率。灵芝组和对照组经照射后30d的死亡率分别为44.4%和70.4%。^{60}Coγ射线照射后，再给小鼠腹腔注射灵芝液（10g/kg），30d的死亡率与对照之间无差异，但可使死亡小鼠的平均存活时间明显延长。

余素清（1997）的研究发现，给小鼠灌食灵芝孢子粉1.2g/kg，对^{60}Coγ射线引起的白细胞减少有抑制作用，并能提高小鼠的存活率。

关洪昌等（1981）研究发现，每日给小鼠腹腔注射灵芝多糖D_6（74mg/kg），7d后可使^{3}H-亮氨酸、^{3}H-胸腺嘧啶核苷和^{3}H-尿嘧啶核苷分别渗入骨髓细胞蛋白质、DNA和RNA的渗入量较对照组增加了28.5%、43.3%、48.7%。说明灵芝多糖能促进骨髓细胞蛋白质、核酸的合成，加速骨髓细胞的分裂增殖，刺激骨髓的造血机能。

4.对神经系统的作用　据研究，灵芝有镇静、镇痛、安定等作用，用于治疗失眠、神经衰弱、神经变性疾病或心脑血管疾病等，其治疗失眠和神经衰弱总的有效率达87.14%～100%。灵芝对神经系统疾病的作用机制有：①灵芝影响大脑神经递质水平，使老年人的学习力提升，促进记忆力提高；②灵芝能减少神经细胞的凋亡，减少黑质多巴胺能神经元的损伤；③灵芝能激活中枢和外周神经的再生；④灵芝能减少线粒体过载和脑细胞损伤，改善脑细胞的代偿功能。

灵芝治疗失眠。陈文备在针对神经衰弱失眠症方面采用复方灵芝胶囊治疗，有效率为90.4%，高于对照组的63.9%，并且服用灵芝胶囊组队安眠药物的依赖性降低。周法根等（2004）将失眠患者随机分为治疗组和对照组，各50例。治疗组使用灵芝颗粒，对照组选用归脾丸，4周为1个疗程，结果治疗组和对照组有效率分别为96%和93.88%，治疗组疗效优于对照组。占永良等（2009）使用灵芝散治疗老年性失眠126例，有效率达100%，认为灵芝起效的原因为镇静作用，以及促进骨髓细胞增生，提高外周血的血红蛋白和白细胞含量。Cui等（1998）通过动物实验证实灵芝提取物对大鼠具有催眠作用，可延长小鼠的睡眠时间，通过大量研究发现，其作用机制与调节细胞因子TNF-α相关。Chu等（2000）认为灵芝提取物可通过 γ-氨基丁酸（GABA）增强戊巴比妥诱导的睡眠。

灵芝防治神经变性疾病。Cheung等（2000）研究证明，灵芝的水溶性提取物能明显地诱导PC12细胞分化 [PC12细胞是目前广泛用来研究神经细胞功能、分化和凋亡的一种组织细胞培养模型，它可在神经生长因子（NGF）诱导下分化成神经元样细胞]，且能明显地抑制神经营养因子（NTF）依赖的神经元化PC12细胞凋亡。另外，张骐等（2005）发现灵芝多糖肽能促进氧化应激损伤PC12细胞的存活，抑制H_2O_2诱导的PC12细胞凋亡，对氧化应激损伤PC12细胞具有保护作用。谢安木等（2005）、张伟等（2006）、郭燕君等（2006）、王欢等（2005）发现，灵芝还具有防治帕金森病、阿尔茨海默病以及运动神经元病，甚至在防治癫痫等神经疾病方面都具有良好的疗效。

5.对心血管系统的作用

（1）对脏器缺血/再灌的保护作用　杨红梅等（2003）研究发现1%灵芝多糖能明显改善失血性休克再灌注家兔的心功能，再灌注40min时灵芝多糖（GLP）组的平均动脉压明显高于模型组。灵芝多糖再灌注组能使血浆一氧化氮浓度、心肌一氧化氮水平、心肌一氧化氮合酶活性明显降低，可能与其保护失血性休克再灌注心肌损伤有关。王黎等（2004）研究显示，1%灵芝多糖可明显增强红细胞超氧化物歧化酶（SOD）的活性。

（2）对血管内皮细胞的保护作用　内皮细胞是覆盖整个心血管系统内表面的单层扁平上皮细胞，具有重要的生理功能，它的病理改变与心血管疾病有密切关系。游育红等（2007）研究显示，灵芝多糖可减少叔丁基氢过氧化物（tBOOH）对人脐静脉内皮细胞株ECV304细胞的氧化损伤，增加细胞的存活率，减轻细胞器如线粒体的氧化损伤。李文娟等（2010）研究表明，用1mmol/L过氧化氢诱导损伤乳鼠心肌细胞4h，经黑灵芝多糖预处理后可减少心肌细胞丙二醛（MDA）水平、活性氧的产生及乳酸脱氢酶的漏出，增加心肌细胞搏动频率、细胞存活率和SOD活性，并且蛋白含量表达呈剂量依赖性增加。

（3）对血脂的影响　灵芝多糖能明显降低血清总胆固醇（TC）、甘油三酯（TG）、低密度脂蛋白（LDL）及脂蛋白（LP）含量。罗少洪等（2005）研究表明灵芝多糖灌胃高血脂大鼠，可显著抑制高血脂大鼠血清TC、TG和低密度脂蛋白胆固醇（LDL-C）的升高，并能调节高密度脂蛋白胆固醇（HDL-C）的升高。刘爱东等（2008）研究发现，不同松杉灵芝多糖采用灌胃和腹腔注射等不同途径、不同剂量给药均能不同程度地降低血清TC、TG、LDL-G水平，升高HDL-C等水平，具有很好的调节高脂血症和抗动脉粥样硬化的作用。

6.对呼吸系统的作用

（1）平喘、保护支气管平滑肌　石敦义等（2009）通过研究灵芝孢子粉对哮喘的动物实验发现，灵芝孢子粉干预可延长哮喘豚鼠的引喘潜伏期。在通过一项识别抑制平滑肌收缩的单味药及其活性化合物的试验中，发现一种含有灵芝的中成药水提物可预防小鼠过敏性哮喘气道高反应性，并抑制过敏性哮喘小鼠气管中乙酰胆碱诱导的气道平滑肌收缩；并且发现其活性成分能抑制乙酰胆碱介导的气道平滑肌收缩或直接放松预收缩的气道平滑肌。北京医学院药理研究组（1979）发现赤芝酊、赤芝液、赤芝菌丝体乙醇提取液及浓缩发酵液对组织胺引起的离体平滑肌收缩具有解痉作用，且此作用与药物浓度成正比，该发酵液不仅能拮抗组织胺，而且能拮抗乙酰胆碱和氯化钡引起的离体平滑肌收缩。而将预先腹腔注射赤芝酊或赤芝液的豚鼠置于喷雾箱中予以组织胺喷雾致其"喘息"（呼吸困难，抽搐直到翻倒），发现赤芝液只能保护少数动物不发生"喘息"，但可使多数动物"喘息"发作潜伏期延长。姚金福等（2015）发现灵芝孢子粉可明显提高人气道上皮细胞的活力，显著降低细胞上清液中丙二醛（MDA）、肿瘤坏死因子-α（TNF-α）、白介素-6（IL-6）的表达；显著提高超氧化歧化酶（SOD）的含量；并显著降低细胞内核因子（NF）-kB蛋白表达。说明灵芝孢子粉对脂多糖诱导的人气道上皮细胞损伤有保护作用。

（2）止咳、祛痰　赵世光（2009）等通过观察灵芝发酵液醇提物对慢性支气管炎的疗效，不同剂量的灵芝酸乙醇提取物、灵芝酸正丁醇提取物均能显著延长二氧化硫诱发的小鼠咳嗽潜伏期，并显著抑制小鼠咳嗽次数，有显著的镇咳作用。60mg/kg给药量的正丁醇提取物使小鼠气道酚红排泄量较对照组提高50.7%，祛痰疗效也明显优于双黄连口服液。肺组织切片病理检查表明，灵芝酸性提取物能明显减轻于单纯烟熏模型组，且抗炎、抗损伤作用与双黄连相当。此外，肖贵平（2002）等研究灵芝对过敏性咳嗽的试验发现，10mL/kg、20mL/kg、40mL/kg的灵芝菌丝提取物均对氨水诱发的小鼠咳嗽有显著抑制作用，咳嗽次数抑制率分别为44.71%、44.47%和52.16%。另外，采取一定剂量的灵芝菌丝提取物对小鼠进行灌胃，可显著增加小鼠气管酚红排泌量，表明其具有明显的祛痰作用。

（3）抗炎、抗过敏　石敦义等（2009）通过灵芝孢子粉作用于哮喘的动物实验中发现，灵芝孢子粉具有能减轻肺组织炎性病变、抑制肥大细胞、激活释放类胰蛋白酶的作用。阮正英等（2014）通过比较观察灵芝多糖与地塞米松对哮喘大鼠模型肺泡巨噬细胞糖皮质激素诱导的肿瘤坏死因子受体（GITR）及其配体（GITRL）和蛋白表达的影响，发现灵芝多糖对哮喘大鼠有一定的治疗作用，它能下调肺泡巨噬细胞GITR/GITR-L mRNA和蛋白的表达水平，但此作用弱于地塞米松。研究还发现，灵芝多糖能降低肺泡灌洗液中细胞总数计数、减轻肺组织炎性病理改变，起到治疗哮喘的作用。陈伟等（2006）以二甲苯鼠耳肿胀炎症模型研究灵芝提取物的抗炎效果，结果表明小鼠在连续服用7d灵芝孢子粉后有明显的抑制耳肿胀的效果，具有抗炎的作用。现代研究发现灵芝提取物能抑制卵清蛋白抗血清引起的被动皮肤致敏反应（PCA），还能抑制组胺、迟发性过敏反应，具有抗炎、抗过敏的作用（王彦松等，2004）。

（4）防治肺纤维化　Chen等（2005）通过研究发现灵芝多糖对博来霉素所致大鼠产生肺纤维化具有保护作用。其保护作用表现为肺指数降低，炎症细胞浸润减少，胶原沉积减少，肺纤维化形成受到抑制。并认为其主要机制可能与肺抗氧化能力增强有关。

7.对内分泌和代谢系统的作用

（1）对肾上腺皮质机能的影响　顾欣等（1993）研究结果，皮下注射灵芝孢子粉水提物10g/kg，共7d，不仅可拮抗醋酸强的松龙小鼠脾脏DNA含量及合成的抑制作用，而且还能拮抗醋酸强的松龙促使小鼠肝脏中甘油三酯含量增加的作用。

（2）对性腺机能的影响　李振林等（2008）研究得出灵芝孢

子粉能显著改善去势（双侧卵巢切除）大鼠的内分泌功能。选用成年雌性SD大鼠[①]进行双侧卵巢切除手术，术后采取灌胃法连续喂食灵芝孢子粉混悬液（实验组）或等量溶剂（实验对照组）。从研究的结果来看，与正常对照组相比，实验对照组表现为血清内睾酮和雌二醇含量显著下降，股骨的骨密度显著降低，子宫内膜萎缩明显。与实验对照组相比，实验组血清中内睾酮和雌二醇含量显著提高，骨密度增大，子宫内膜萎缩程度降低。

（3）降血糖的作用　张灵芝等（2004）、单峰等（2010）、唐志刚等（2010）、腾宝松等（2012）对灵芝多糖进行研究得出，灵芝多糖可通过提高胰岛素水平，降低氧化应激水平，改善胰岛素抵抗，增强糖代谢酶活性等途径来实现降血糖作用。由于糖尿病的病因较多、发病机制复杂，单一靶点的化学药物不易取得较为满意的治疗效果。目前大量实验报道已充分证实灵芝多糖降血糖作用靶点多，改善糖尿病症状明显，还可增强糖尿病患者体质。对糖尿病具有较好的治疗作用，同时副作用较少。

8.其他作用

（1）保肝护肝作用　肝脏是机体最大的解毒器官，肝脏可以进行药物的生物转化、营养消化吸收，还是一套机体的相对独立的固有免疫系统。肝脏的健康对生物体的正常运转尤为重要。陈玉胜等（2015）用四氯化碳诱导小鼠的急性肝损伤模型，给小鼠灌食灵芝多糖1周后，发现小鼠血清中谷丙转氨酶、谷草转氨酶、胆红素水平以及肝脏中的丙二醛、一氧化氮和酶活力显著降低，除此之外，细胞因子和相关凋亡蛋白水平也显著降低，而还原性谷胱甘肽却显著升高，这说明灵芝多糖对四氯化碳诱导的急性肝损伤小鼠有抑制炎症、保护肝脏的作用。除了灵芝多糖，灵芝三萜类化合物对肝脏也有保护作用。刘莉莹等（2017）将灵芝三萜类化合物作用于人肝细胞，计算后发现肝细胞成活率显著升高，说明灵芝三萜类化合物对人肝细胞具有保护作用。

---

　　① SD大鼠是大鼠的一个品系。——编者注

（2）抗病毒作用

①抗流感病毒。朱宇同等（1998）发现，平盖灵芝（*G. applanatum*）提取物可显著增加流感病毒FM1株感染小鼠的存活率和存活时间，有较好的保护作用。Mothana等（2003）发现，从欧洲产弗氏灵芝（*G. pfeifferi*）提取纯化的赤芝二醇、树舌环氧酸G等对甲型流感病毒和单纯疱疹病毒1型具有抗病毒活性。

②抗单纯疱疹病毒。EOSK等（1999）从灵芝子实体分离出蛋白结合多糖GLhw、GLhw -01、GLhw -02和GLhw -03。通过体外Vero细胞（新型冠状病毒肺炎灭活疫菌）和HEp-2（人喉癌上皮细胞）斑块减少实验，检测这些化合物对HSV-1和HSV-2的抗病毒活性，通过实验表明，GLhw -02活性最强，有可能成为一种新的抗疱疹药物。Iwatsuki等（2003）发现，从灵芝中提取纯化的多种三萜类化合物，在Raji细胞（人淋巴瘤细胞）中对Epstein-Barr virus（EBV，人类疱疹病毒4型）早期抗原活化有抑制作用。

③抗肝炎病毒。乙型肝炎病毒（Hepatitis B virus，HBV）是引起乙型肝炎的病原体。张正等（1989）发现，平盖灵芝（树舌灵芝，*G. applanatum*）、黑灵芝（*G. atrum*）和薄盖灵芝（薄芝，*G. capense*）可在体外抑制HBV DNA聚合酶，减少HBV DNA复制，抑制PLC/PRF/5细胞（人肝癌亚历山大细胞）分泌乙肝病毒表面抗原（HBsAg）。

④抗人类免疫缺陷病毒。人类免疫缺陷病毒（HIV）能攻击人体免疫系统，引起获得性免疫缺陷综合征（AIDS）。Min等（1998）、Sato等（2009）、Mizushina等（1999）分别从灵芝孢子、灵芝子实体中分离得到对HV-1病毒有较强抑制作用的物质。

⑤抗新城疫病毒。新城疫病毒是一种黏液病毒，在禽鸟间有很高的传染性和致死率，人类接触病禽感染引起结膜炎或淋巴腺炎。Shamaki等（2014）发现，灵芝提取物可抑制新城疫病毒神经氨酸酶的活性。

⑥抗登革病毒。登革病毒（DENV）属于黄病毒科黄病毒属中的一个血清型亚群，主要通过埃及伊蚊和白纹伊蚊等媒介昆虫

传播，引起登革热以及发病率和死亡率很高的登革出血热和登革休克综合征。Lim 等（2019）发现，鹿角状灵芝水提物对 DENV-2 NS2B-NS3 蛋白酶活性的抑制率为（84.6±0.7）%。

⑦抗肠道病毒。Zhang 等（2014）发现两种灵芝三萜类化合物具有明显的抗肠道病毒71型（手足口病的主要病原体）活性，且无细胞毒。2020年2月8日，中国营养保健食品协会发布《精准营养助力防治新型冠状病毒感染系列科普二：营养补充剂的作用》一文，向社会大众公布了12种有助于防治新型冠状病毒感染的营养补充剂，灵芝位列其中。

四、栽培历史及现状与发展

我国灵芝栽培可追溯到唐代，唐代诗人李太玄著有"偶游洞府到芝田，星月茫茫欲曙天，虽则似离尘世了，不知何处偶真仙"，宋代诗人舒岳祥也著有"夜静烽清月朗天，时时霜鹤喙芝田。筑台正与仙人约，少驻人间五百年"的诗句。农史学家根据唐宋诗人的名句判断：在唐代人们利用枯死的树木，截成一定长度埋入土里进行人工栽培出芝，因而有"芝田"的说法。

早在20世纪50年代我国就已经对灵芝进行人工栽培了，据报道，1960年上海食用菌研究所人工栽培灵芝成功，1969年中国科学院微生物研究所真菌学研究室灵芝组用现代科学方法和技术，首次成功地人工培育出菌盖发育良好并释放孢子的灵芝子实体，并首次发现空气相对湿度是影响菌盖形成和发育的关键因子。20世纪80年代，这种人工栽培模式逐渐形成趋势，1987年泰安市农业科学研究院以棉籽壳为主料栽培灵芝，逐渐形成规模栽培，产品出口韩国等地。经过近70年的发展，灵芝人工栽培已经形成了规模化的发展。从中国食用菌协会统计的数据来看，全国灵芝的栽培规模从2010年的9.1万t逐年上升，到2018年已经达到了16.8万t，产品出口日本、韩国等国家。

灵芝属在我国的分布很广，在祖国的辽阔大地上，南自热带的海南岛，北到气候寒冷的东北森林中都有灵芝的生长。每年春季，气温回升，灵芝菌丝迅速生长蔓延，分解土壤或木材中的营养，形成灵芝子实体，产生孢子。灵芝人工栽培区域主要分布在林业资源发达且气候温暖的长白山区（东北三省），大别山区（安徽、河南、湖北），秦巴山区（四川、陕西等），东南沿海（浙江龙泉、福建武夷山、广东北部地区等）。其中以安徽霍山县和浙江龙泉市栽培的灵芝最具特色，目前已成为国家地理标志产品。紫芝主要产在长江以南各省，如浙江、福建、湖南等省份；此外，河南和湖北也有紫芝的分布。薄树芝以广东和云南等省份常见。从2018年中国食用菌协会公布的灵芝栽培规模来看，排在第一位的是山东，其次是广东、江西、辽宁、吉林等。

目前，我国灵芝栽培主要分为段木栽培和代料栽培。其栽培模式主要有：连栋大棚套小拱棚栽培、大拱棚栽培、小拱棚栽培、工厂化栽培、林下栽培等。

从目前的栽培现状看，有如下4个方面制约了段木灵芝的发展。一是原料成本愈来愈高。在生态文明形势下，保护资源、保护环境的主题突出，现有的树木或砍伐的指标不足以维持灵芝段木栽培的可持续发展，菌林矛盾日益突出。二是灵芝段木栽培连作障碍严重。段木灵芝栽培过程中，同一块土地只能栽培一季，收获两年，不能连作，必须换一块土地再栽培。三是劳动力成本上涨，芝农获得的效益越来越低。目前段木灵芝制袋时采用人工装袋，土法灭菌，劳动强度大又无机械替代。四是灵芝活性成分含量不稳定、不可控。从对灵芝孢子粉的检测情况来看，同品种在不同地区、不同年份栽培，其活性成分的含量不同；同品种在同一地区、不同年份栽培，灵芝活性也不同；灵芝活性成分含量高的栽培区域，换一种品种，活性成分又不高了；等等。以上情况使企业制定孢子粉的标准或药企利用孢子粉制药变得困难。原料的不统一、成分的不稳定，导致后期产品品质无法保证。从代料灵芝栽培的情况来看，主要存在两个方面的难题：一是代料栽培的灵芝个头小、厚度薄。二是灵芝活性物质的含量低。

参 考 文 献

陈文华、程显好、等, 2018. 灵芝多糖的药理作用及其机制研究发展[J]. 中国药房, 29 (24): 3446-3450.

陈志杰、杨振东、等, 2010. 顶空固相微萃取气质联用检测灵芝菌丝体挥发性风味物质[J]. 食品研究与开发, 31 (2): 132-135.

邓叔群, 1963. 中国的真菌[M]. 北京：科学出版社.

高建莉、禹志领、等, 2005. 灵芝三萜类成分研究进展[J]. 中国食用菌, 24 (4): 6-11.

何慧、谢笔钧、等, 1997. 发酵灵芝粉中肽类化合物的分离及其生物活性研究[J]. 华中农业大学学报 (5): 110-115.

蒋丹容、游育红, 2012. 灵芝多糖心血管作用研究进展[J]. 医学综述, 18 (10): 1563-1565.

林志彬, 2001. 灵芝的现代研究[M]. 北京：北京大学医学出版社.

林志彬, 2020. "扶正祛邪"与灵芝的抗病毒作用[J]. 中国药理学与毒理学杂志, 34(6)：401-407.

马传贵、张志秀、等, 2021. 灵芝在神经系统疾病的基础和临床应用研究进展[J]. 医学食疗与健康, 19 (1): 198-199, 218.

马林、吴丰、等, 2003. 灵芝三萜成分分析[J]. 药学学报 (1): 275-279.

毛健、马海乐, 2010. 灵芝多糖的研究进展[J]. 食品科学, 31(1):295-299.

牛君仿、方正、等, 2002. 灵芝有效化学成分研究进展[J]. 河北农业大学学报 (25): 51-54.

任为之、姜雯, 2009. 毛细管电泳法测定灵芝中核苷类成分的含量[J]. 中外医学研究, 7 (7): 25-27.

邵力平、沈瑞祥、等, 1984. 真菌分类学[M]. 北京：中国林业出版社.

王冠英、张洁、等, 2011. 松杉灵芝子实体抗肿瘤活性多糖的提取、分离与鉴定[J]. 中国老年学杂志 (31): 838-839.

徐雪峰, 李桂娟, 等, 2017. 赤灵芝多糖分离纯化及体外抗氧化性研究[J]. 食品与机械, 33 (1): 143-147.

余竟光, 樊学川, 1990. 薄盖灵芝化学成分研究[J]. 药学学报, 25 (8): 612-615.

张群豪, 於东晖, 等, 2000. 用血清药理学方法研究灵芝浸膏GLE的抗肿瘤作用机制[J]. 北京医科大学学报, 32 (3): 210-213.

张圣龙, 周靖, 等, 2012. 不同品种灵芝中四种核苷类成分的含量比较[J]. 食用菌学报, 19 (4): 67-70.

赵继鼎, 徐连旺, 等, 1979. 中国灵芝亚科的分类研究[J]. 微生物学报 (3): 3-8.

周子懿, 唐宇平, 等, 2008. 灵芝防治神经系统疾病的实验研究进展[J]. 上海中医药杂志, 42 (7): 92-94.

第二章

灵芝生物学特征

一、形态特征

（一）菌丝体

灵芝的菌丝白色，呈绒毛状，纤细，整齐，有分枝，多弯曲。菌丝尖端直径较细（直径0.8 ~ 1.2μm），菌丝中部直径1.6 ~ 2.2μm。初生菌丝壁厚无隔膜，匍匐生长，有些品种在试管中略有爬壁现象，生长速度快；灵芝次生菌丝有横隔、多分枝，具有锁状联合，菌落表面逐渐有色素分泌。菌丝在固定培养基中生长，一方面吸收基质中的养分和水分，另一方面向四周扩展增加菌丝数量。当菌丝量繁殖到一定程度，只要外界环境条件适宜，菌丝体就可形成一定的组织，这种组织常常分化成为灵芝子实体原基，最终发育成灵芝繁殖器官——灵芝子实体。当外界条件不能满足菌丝体分化成子实体原基时，只要有充足的养分、水分提供，基质中的菌丝体将一直生长下去。

灵芝科真菌的菌丝系统通常是三体型，它包括生殖菌丝、骨架菌丝和缠绕菌丝。灵芝生殖菌丝透明，薄壁，有分枝，直径3.5 ~ 4.5μm；灵芝骨架菌丝淡黄褐色，厚壁到实心，树状分枝，骨架干直径3 ~ 5μm，分枝末端形成鞭毛状无色缠绕菌丝；灵芝缠绕菌丝无色，厚壁，多弯曲，有分枝，直径1.5 ~ 2μm，多形成灰球菌型缠绕菌丝。

（二）子实体

灵芝子实体是灵芝的繁殖器官，由菌盖（芝盖）和菌柄（芝柄）组成。灵芝子实体的形态受营养、气候等外界因素的影响，生长发育差别极大，其大小、芝形、色泽都会有明显的差异。营养不足时，菌柄发育得很细，芝盖直径很小，反之，在营养充足的基物上生长的子实体菌柄长得粗，芝盖直径大。在通气良好的环境中，菌柄长得短；在氧气不足、二氧化碳浓度较高的条件下，菌柄发育细长。整个菌柄呈紫红色，向光一侧色深。菌盖发育不良或不分化时，形成鹿角芝。

1.**菌盖**　灵芝的菌盖形状多为肾形、半圆形，少数近圆形。菌盖木质化，平展，大小一般为（3 ~ 12）cm×（4 ~ 20）cm。菌盖厚0.5 ~ 2cm，根据栽培基质不同，灵芝大小和厚度也有不同的差异，在灵芝菌盖生长过程中，当温度、湿度合适时，就继续生长；在生长条件不适宜时，即暂时停止生长。因此，在菌盖的表面形成一圈圈环形棱纹和放射状皱纹，随着菌盖不断地生长发育，颜色也在变化，灵芝形成初期边缘为黄白色至浅黄色，后逐渐变为黄褐色至红褐色，边缘钝或锐，有时微卷，上表面有同心环沟和辐射状条纹；菌肉呈淡白色或木材色，接近菌管处呈淡褐色或近褐色；菌管初为白色，成熟时硫黄色，触摸后变为褐色或深褐色，干燥时淡黄色，长1cm，管口近圆形或多角形，平均每毫米5 ~ 6个。菌盖背面管孔内着生有孢子，孢子非常小，肉眼无法直接观察到，在显微镜下可观察到孢子呈卵圆形、椭圆形或顶端平截，大小（9 ~ 11）μm×（6 ~ 7）μm。孢子浅褐色，双层壁，外壁无色透明，平滑，内壁淡褐色或近褐色，有小刺，有时中央含有1个油滴。

2.**菌柄**　菌柄近圆柱状，侧生或偏生，少中生，长度一般10 ~ 20cm，粗一般为2 ~ 5cm，呈紫褐色，具有漆样光泽。中实，组织紧密。木质化。

二、生　活　史

（一）生活周期

每种生物都有自己的生活史，生长、发育、繁殖、死亡，这是大自然的规律。对一般高等植物来说，一颗种子埋在土壤里，当温度、湿度、光照都合适的情况下，开始发芽出土，长成一株植物，然后开花结果，又长出种子，这是一个由种子到种子的过程。

灵芝的生活史和高等植物有类似之处，只不过它是从孢子到孢子的过程。当孢子在营养、温度、湿度、光照、空气等都符合灵芝生长条件时，孢子就开始萌发。灵芝的生活史是由孢子→单核菌丝体→质配→双核菌丝→原基分化→菌蕾（芝芽）→分化芝盖、芝柄→子实体→孢子的生活循环过程。

灵芝为异宗结合真菌，灵芝的孢子从菌管中弹射出来，其个体很轻，可以随风飘扬，到处安家落户。灵芝的孢子产量大得惊人，灵芝每个子实体，每天可产生 2.5 亿个孢子。即使只有一半孢子能生长出灵芝，也将会造就一个灵芝满山遍野的世界。事实上，大自然是冷酷无情的，可供灵芝孢子萌发的环境太少，且担孢子不易萌发。相互亲和的单核菌丝（又称一次菌丝）发生细胞质融合（质配），经减数分裂后形成双核菌丝（又称二次菌丝）；双核菌丝进一步发育形成特殊化的组织，这种组织分化了的双核菌丝被称作结实性菌丝体；结实性菌丝体分化出子实体原基，原基生长发育成为成熟的子实体；子实体产生孢子，孢子成熟，从菌盖的子实层上弹射出去，又重新开始新的生活周期。

（二）子实体生长发育过程

当外部环境条件适宜时，灵芝的结实性菌丝体就会扭结成白色的团状原基，之后逐渐长大，纵向伸长生长，分化成为圆柱状的菌柄（芝柄）。菌柄顶端幼嫩部分呈淡黄色，是其活跃的生长点；菌柄发育到一定程度（二氧化碳浓度高时，菌柄的生长点一直纵向生长），顶端的生长点横向生长，向四周扩展生长而逐渐分化成肾形或半圆形的菌盖。菌盖边缘的淡黄色幼嫩部位成为灵芝最活跃的生长点，随着菌盖不断长大，淡黄色的生长点逐渐变小，直至消失，菌盖表面不断出现褐色、粉末状的细小颗粒，这就是灵芝的孢子。孢子大量聚集成孢子粉。当菌盖边缘生长点完全消失时，标志着灵芝子实体已发育成熟。人工栽培的灵芝，从原基形成到子实体成熟需30～60d。

三、灵芝个体的识别

①赤芝（*Ganoderma lucidum*）。又名灵芝草、红芝。其子实体一年生，具中生或偏生菌柄，呈肾形或近圆形，新鲜时软木栓质，干后木栓质。菌盖平展盖形，直径可达18cm，宽可达12cm，基部厚2.6cm；颜色随着生长期的不同而不同，幼时浅黄色后逐渐变为黄褐色至红褐色，边缘钝或锐。菌肉木材色或浅褐色，双层，上层菌肉颜色浅，下层菌肉颜色深，软木栓质，厚可达2cm，菌盖上表面形成皮壳，菌管多层，分层不明显，浅褐色，新鲜时纤维质，干后木栓质。该灵芝是目前栽培范围最广泛的种。

赤芝夏秋季生于多种阔叶树的死木、倒木或腐木上，造成木材腐朽，呈白色。其子实体木栓质，不易腐烂，与基物着生紧密，徒手不易采摘，采集时需要用刀割取。

主要分布于中国东部暖温带和亚热带地区，如安徽、河南、湖北、湖南、山东、四川（四川西部除外）、云南（云南南部除外）等省份。

赤芝具有补气安神、止咳平喘等功效。同时还具有抗肿瘤、消炎抗菌、放射保护、降血压、抗血栓、保肝等功效。

②松杉灵芝（*Ganoderma tsugae* Murrill）。又称欧洲灵芝、铁杉灵芝。其子实体一年生，通常侧生菌柄，新鲜时软木栓质，干燥后变为木栓质。菌盖平展盖形，半圆形或扇形，长可达25cm，

宽可达20cm，基部厚可达4cm。初期时菌盖上表面金黄色、褐色，有漆样光泽；成熟时颜色为红褐色、深褐色或紫褐色，漆样光泽明显，光滑，同心环带明显，有时有很弱的同心环钩，通常被褐色的孢子粉覆盖，边缘钝。孔口表面新鲜时呈奶油色，干后污褐色至浅褐色，菌肉从上至下颜色由浅至深，木栓质，厚达2cm，菌盖上表面形成一皮壳。菌管多层，分层不明显，浅褐色，新鲜时纤维质，干后木栓质，明显比菌肉颜色深，长达20mm。担孢子椭圆形，顶端平截，浅褐色，双层壁，外壁无色、光滑，内壁有刺。

松杉灵芝生于多种针叶树上；分布于东北地区，如黑龙江、吉林等省份。

松杉灵芝含有萜类、生物碱、甾醇类、多糖等物质，能够固本培元，滋补健体，其子实体的水提物可安神补肝，同时具有较好的抗癌作用。

③紫芝（*Ganoderma sinense* J. D. Zhao etc.）。子实体一年生，菌柄侧生、背侧生或偏生，干后软木栓质至木栓质；菌盖半圆形，近圆形或匙形，外伸可达9cm，宽可达9.5cm，基部厚达2cm。菌盖表面新鲜时漆黑色、光滑，具明显的同心环纹和纵纹；干后紫褐色、紫黑色至近黑色，具漆样光泽。孔口表面干后污白色、淡褐色至深褐色，孔口略圆形，每毫米5～6个，边缘薄，全缘。菌肉褐色至深褐色，中间具一黑色壳质层，皮壳切面黑色发亮，软木栓质，厚2～8mm，菌管褐色至深褐色，单层，木栓质，长约1.3cm。担孢子椭圆形，双层壁，外壁无色、平滑，内壁淡褐色至褐色，具小脊，大小（11.2～12.5）μm×（7～8）μm。

紫芝春季至秋季单生于多种阔叶树的腐木上，造成木材腐朽，呈白色；分布于西南和华东地区，如贵州、云南、浙江等省份。

《神农本草经》把灵芝列为上品，谓紫芝"主治耳聋，利关节，保神，益精，坚筋骨，好颜色。久食轻身不老，延年神仙"。此外，紫芝可用于治疗慢性支气管炎、支气管哮喘等病症，还具有抗神经衰弱、抗过敏、消炎、利尿、抑制肿瘤等功效。

④热带灵芝 [*Ganoderma tropicum* (Jungh.) Bres.]。子实体

一年生，无柄或具短柄，通常单生，有时数个叠生，干后木栓质。菌盖半圆形、圆形、扇形、肾形或不规则形，外伸可达25cm，宽达20cm，基部厚4cm。菌盖表面初期黄褐色，有漆样光泽；成熟时为红褐色、褐色，颜色变浅，漆样光泽明显，光滑，边缘薄、钝，同心环带明显。孔口表面污白色至灰褐色，无折光反应，不育边缘明显，奶油色，宽可达4mm，孔口近圆形，每毫米3～4个，管口边缘厚且全缘，菌肉黄褐色，厚可达1cm。菌管浅褐色，多层，分层不明显，长可达15mm。菌柄与菌盖同色，圆柱形，长可达3cm，直径可达1.5cm。担孢子椭圆形，顶端稍平截，褐色，双层壁，外壁光滑、无色，内壁具小刺，大小（8.8～10.5）μm×（6.1～7.8）μm。

热带灵芝春夏季单生或数个叠生于阔叶树上，尤其是相思树的树桩、倒木和腐木上，呈白色腐朽状，分布于华东、华南、西南地区，如福建、广东、海南、云南等省份。

据报道，热带灵芝能治疗冠心病等（卯晓岚，2000）。

⑤树舌灵芝 [*Ganoderma applanatum* (Pers.) Pat.]。又名平盖灵芝、树舌扁灵芝、扁木灵芝、老牛肝。其子实体多年生，无柄盖形，单生或覆瓦状叠生，新鲜时木栓质，无特殊气味，干燥后变为硬木栓质。菌盖半圆形，外伸可达28cm，宽可达55cm，基部厚可达9cm。菌盖表面锈褐色、灰褐色，具有明显的环沟和环带；生长期间菌盖表面覆盖一层褐色孢子粉，无漆样光泽，但形成一表皮层壳；边缘圆、钝，奶油色至浅灰褐色。孔口表面灰白色至淡褐色，管口圆形，每毫米4～7个，管口边缘较厚、全缘、菌肉新鲜时浅褐色，木栓质，干燥后变为棕褐色、深褐色，硬木栓质，厚可达3cm。菌管褐色，木栓质或纤维质，长可达6cm，有时具白色菌丝束填充，分层明显，管层间常具菌肉层间隔，每层长3～25mm。担孢子广卵圆形，顶端通常平截，淡褐色至褐色，双层壁，外壁无色、光滑，内壁具小刺，大小为（6～8.5）μm×（4.5～6）μm。

树舌灵芝春季至秋季生于多种阔叶树的活立木、倒木及腐木上，使木材呈白色腐朽状；其子实体木栓质，不易腐烂，与基物着生紧密，采集时需要用刀割取；主要分布于东北、华北、华中和西北地区。

树舌灵芝含有多糖、甾醇、三萜、生物碱等有效成分，可调节机体免疫功能、抗肿瘤、抗病毒、抗过敏、消炎抗菌、降血糖、调节血压等。临床上树舌灵芝已被用于治疗腹水癌、神经系统疾病，且树舌灵芝治疗肝炎以及预防和治疗胃溃疡、急慢性胃炎等都有显著的疗效。

⑥南方灵芝 [*Ganoderma australe* (Fr.) Pat.]：子实体多年生，无柄，木栓质。通常单生，也有少数覆瓦状叠生，干后硬木栓质。菌盖通常半圆形，外伸可达55cm，宽可达35cm，基部可达7cm。菌盖表面锈褐色、灰褐色至黑褐色，具明显的环沟和环带，具皮层壳；边缘奶油色至浅灰褐色，圆、钝；孔口表面新鲜时灰白色，干后灰褐色，近污黄色或淡褐色，手触摸后立即变为暗褐色或黑色。孔口圆形，每毫米4～5个；管口边缘较厚，全缘；菌肉新鲜时浅褐色，干后变为棕褐色，硬，厚可达3cm；菌管暗褐色，木栓质或纤维质，分层不明显，长达40mm。担孢子广卵圆形，顶端通常平截，淡褐色至褐色，双层壁，外壁无色、光滑，内壁具小刺，大小为(7～8.5)μm×(4.2～5.5)μm。

南方灵芝生于多种阔叶树的活立木、倒木、树桩和腐朽木上，在春季、夏季和秋季均有出现，其子实体木栓质，不易腐烂，与基物着生紧密，采集时需要用刀割取。主要分布于华中、华东、华南和西南地区，重庆、福建、广东、广西、湖北、四川、云南、浙江等省份都有广泛分布。

南方灵芝具有抑制肿瘤等功效（袁明生等，2007）。

⑦狭长孢灵芝（*Ganoderma boninense* Pat.）。子实体一年生至多年生，无柄盖形，覆瓦状叠生，干后木质。菌盖半圆形，外伸可达10cm，宽可达15cm，厚可达2cm；菌盖上表面生长初期为白色，其边缘为白色，触摸后变为褐色，向中部和基部逐渐变为

橘黄色、金黄色、红褐色和黑褐色的皮壳，管口表面新鲜时白色，触摸后变成淡褐色，干后黄色，不育的边缘明显，宽可达5mm，管口近圆形，每毫米6～7个；管口边厚且全缘，菌肉干后浅木材色至褐色，通常从皮壳层向菌管层颜色逐渐变深，木栓质，厚可达1.5cm；菌管层灰褐色，木栓质，长达5mm。担孢子卵圆形，顶端平截，黄褐色，双层壁，外壁光滑，内壁具小刺，大小为（9.6～11.2）μm×（5.7～6.9）μm。

狭长孢灵芝为少见的种类，生于多种阔叶林的活立木、倒木上，在春季、夏季和秋季均可见，其子实体木栓质，不易腐烂，与基物着生紧密，采集时需要用刀割取。主要分布于华南地区，如海南等省份。

药用价值：狭长孢灵芝具抑制肿瘤等功效（袁明生等，2007）。

⑧有柄灵芝 [*Ganoderma gibbosum*（Blume & T. Nees）Pat.]。又称有柄树舌灵芝、老母菌。子实体多年生，单生，侧生柄，短，具甜香味，干后木栓质至木质。菌盖近圆形，直径可达18cm，中部厚可达3.5cm，表面污褐色皮壳，具有明显的同心环纹和环沟。孔口表面奶油色至浅黄绿色；圆形，每毫米3～5个；边缘薄、全缘。不育边缘明显，奶油色，宽可达2mm。菌肉异质，上层浅黄褐色，下层褐色，具黑色骨质夹层，厚可达6mm。菌管褐色，单层长可达1.6cm。菌柄和菌盖同色，具瘤状突起。担孢子卵圆形，顶端通常平截，双层壁，外壁无色、光滑，内壁具小刺，浅黄色或橙黄色，大小（7～9.1）μm×（6.5～8）μm。

有柄灵芝春季至秋季单生于阔叶树树桩上，使木材呈白色腐朽状。主要分布于华南地区，如海南、广东、广西等省份。

药用价值：治疗胃病。有柄灵芝具有和树舌灵芝相似的功效（钟金霞等，1998）。

⑨白肉灵芝（*Ganoderma leucocontextum* T. H Li et al.）。子实体一年生，具中生柄，新鲜时软木栓质，干后木栓质。菌盖平展盖形，外伸可达10cm，宽可达20cm，基部厚可达3cm，表面具漆样光泽，成熟时暗红褐色、暗紫红褐色或几乎黑红褐色，具同心

环纹，常有弱的放射状皱纹；边缘白色至浅黄色，渐变黄色至红褐色。孔口表面新鲜时白色至奶油色，伤处淡褐色至褐色，近圆形，每毫米4～6个。菌肉白色，干后奶油色，软木栓质至木栓质，近表皮有一薄的带褐色皮壳，厚可达2.2cm。菌管淡灰褐色或灰褐色，长可达8mm，菌柄圆柱形至略扁，侧生至偏生，有时无柄，暗红褐色至暗紫褐色，具光泽。担孢子椭圆形，顶端平截，浅褐色，双层壁，内壁具小刺，大小（9～10.7）μm×（5.8～7）μm。

白肉灵芝夏秋季散生至群生于青冈树腐木上，使木材呈白色腐朽状。主要分布于华中地区等。

药用价值：白肉灵芝对神经有保护功能，可延缓皮肤衰老、降低人体胆固醇的含量、降血糖、预防心血管疾病等（刘绍雄等，2020）。

参 考 文 献

戴玉成, 图力古尔, 等, 2013. 中国药用真菌图志[M]. 哈尔滨: 东北林业大学出版社.

李玉, 李泰辉, 等, 2015. 中国大型菌物资源图鉴[M]. 郑州: 中原农民出版社.

刘绍雄, 刘春丽, 等, 2020. 白肉灵芝人工栽培及活性成分研究进展[J]. 中国食用菌, 39(4): 1-4.

卯晓岚, 2000. 中国大型真菌[M]. 郑州: 河南科学技术出版社.

谭伟, 郑林用, 等, 2007. 灵芝生物学及生产新技术[M]. 北京: 中国农业科学技术出版社.

袁明生, 孙佩琼, 2007. 中国大型真菌彩色图谱[M]. 成都: 四川科技出版社.

钟金霞, 郭建荣, 等, 1998. 海南岛药用灵芝资源的调查研究[J]. 中国药学杂志 (11): 652-655.

第三章
灵芝生理

一、灵芝的营养生理

（一）碳素营养

碳源是食用菌生长发育最重要的能量来源，食用菌对其需求量很大。除少数糖类外，从单糖到纤维素等各种结构复杂的糖类都能作为碳源被食用菌利用，如纤维素、半纤维素、淀粉、糊精、蔗糖、木质素、有机酸等。碳源是构成食用菌细胞结构的主要物质，构成糖类、蛋白质、脂肪和核酸等细胞的关键组成部分；同时碳源还为食用菌的生长发育提供营养。在选择和制备培养料时，要充分考虑碳源的种类和含量，食用菌只能吸收和利用有机碳。其中，葡萄糖、果糖、甘露糖等单糖是食用菌的速效碳，可通过细胞膜吸收利用（不需要转化，直接参与细胞代谢）；蔗糖、麦芽糖、纤维二糖等双糖，部分可不经过转化被食用菌吸收到细胞中去，大部分必须通过相应酶的作用，水解为单糖后才能被食用菌吸收利用（仍是比较容易吸收利用的碳源）。淀粉、纤维素、半纤维素、果胶等多糖是食用菌生长利用的长效碳，也是在食用菌基质中占比最大的那一部分。食用菌不能直接吸收利用多糖，其必须在相应酶的作用下分解为单糖或双糖才可被吸收。菌丝在生长过程中分泌分解酶的种类和浓度决定了自身利用多糖的种类及利用率，这些酶包括了纤维素酶、淀粉酶、蛋白酶、几丁质酶、漆酶、葡聚糖酶、木聚糖酶以及核糖核酸酶等。

食用菌分解纤维素是通过分泌胞外纤维素酶，并经其发生作用后实现的。纤维素酶是一种复合酶，是将纤维素水解成纤维二糖和葡萄糖的一类酶的总称，包括C_1酶、C_x酶、4-葡萄糖苷酶等。纤维素通过纤维素酶分解成葡萄糖的降解过程如下：葡萄糖作为营养物质进入真菌体内，进入三羧酸循环，在有氧的条件下可以分解成有机酸或二氧化碳和水；在氧气不足的情况下分解成发酵的终产物。

木质素是地球上存在的存量仅次于纤维素的第二丰富的天然有机物，也是植物的主要成分，占木材成分的20%～30%。其主要成分比较复杂，一般认为它是一个或多个苯酚丙烷单体构成的，它的前体物质是松柏醇、芥子醇和香豆醇。木质素存在于木质组织中，主要位于纤维之间，起抗压和支撑有机体结构的作用。木质素只能被一部分木腐性的真菌所利用，而且一般不能单独被利用，只有在可利用的糖类如纤维素、纤维二糖、葡萄糖存在的情况下才能被降解。这类真菌在利用木质素时，会产生木质素酶，包括木质素过氧化物酶、锰过氧化物酶、漆酶等降解木质素的酶，再通过这些酶的作用把木质素及多环芳烃等有机化合物降解成原儿茶酚类化合物，再经过环裂解形成脂肪族化合物，才能最终被菌丝吸收、利用。木质素不能作为主要的碳源和能源，但菌丝分泌的酶把木质素降解后，纤维素、半纤维素和其他物质的降解就变得更容易了。在木质素、纤维素被降解后，木材中的淀粉、脂类、蛋白质容易被利用。利用木质素和纤维素与它们的存在状态有关，天然存在的状态容易被利用，而被提纯的木质素和纤维素不容易被利用。

为了解外源木质素对灵芝菌丝生长的影响，裴海生等（2017）在灵芝固体培养基中加入木质素、纤维素和半纤维素，从研究的结果来看，纤维素的添加对菌丝体的生长未产生明显的促进作用，而半纤维素、木质素的添加则明显可促进灵芝菌丝体的生长，木质素添加量为0.5%时，菌丝生长最快，菌丝显得更浓密；随后在灵芝液体培养基中添加不同浓度的木质素，从研究的结果来看，在培养基中添加1%的木质素可显著提高灵芝胞外多糖、胞内多糖及灵芝胞外三萜、胞内三萜的合成。

毛竹中纤维素、半纤维素、木质素的含量在70%左右，其中纤维素和半纤维素的含量为48%～55%，由于此二者比木质素更容易降解，因此，毛竹是一种很好的替代木屑的资源，且一年生、二年生和多年生的毛竹其化学组成变化不大，表明毛竹在短时期内（1年）就可以生长成熟，将其作为可再生原料的前景非常乐观。近年来，广大食用菌科技工作者利用竹屑替代50%的木屑用于栽培香菇、木耳、皱环球盖菇、大球盖菇等，都获得了很高的产量以及食用菌品质。

对不同有机碳源对灵芝液体发酵灵芝酸生产的影响研究表明，培养基中玉米粉浓度为4g/L时，菌丝体干重和灵芝酸产量分别比对照提高了1.11倍和1.26倍，培养基小麦粉浓度为10g/L时，菌丝体干重和灵芝酸产量分别比对照提高了0.73倍和0.87倍，培养基荞麦粉浓度为7g/L时，菌丝体干重和灵芝酸产量分别比对照提高了0.97倍和1.15倍。当培养基中玉米粉浓度为7g/L时，灵芝酸含量达到最大值23.538mg/g（鲍锐等，2015）。

在日本、美国等国家以油脂作为食用菌的碳源，他们在培养料中加入1%～5%的豆油或亚麻油、棉籽油、米糠油等用于栽培双孢蘑菇、侧耳和香菇等，并取得了丰产，但添加使用时需先将油乳化。

食用菌在不同的发育阶段对碳源的需求不同，当担子菌转入生殖生长阶段，其营养需求有明显的变化，甘露醇有利于平菇菌丝生长，并且双糖和多糖比单糖更有利于原基的分化（Hashimoto，1976），而在不同碳源对蛹虫草子实体发育影响的研究中发现，添加不同小分子碳源对促进出草和其品质都有一定的影响。接种前在培养基添加小分子碳源（如蔗糖、葡萄糖、果糖等）后的子实体，其色泽、长度、干重等均优于对照组，其中添加蔗糖更优于葡萄糖（李洁，2015）。

（二）氮素营养

凡是能被食用菌利用的含氮物质统称为氮源物质。在食用菌中，氮素是第二大营养物质，是细胞不可或缺的元素，氮源是合成食用菌细胞蛋白质、核酸等的主要原料。食用菌生长发育过程中可利用的氮源包括：无机氮，如硝态氮、铵态氮等；有机氮，如氨基酸、尿素等。

1.无机氮的利用　硝态氮、亚硝态氮是食用菌难以利用的氮源，硝态氮还原成氨才容易被利用。而铵态氮（包括硫酸铵、硝酸铵等）比硝态氮更易被吸收利用。很早就有研究发现，木腐菌利用铵态氮比利用酰胺和硝态氮更好。香菇以氯化铵、硝酸铵为氮源时，菌丝生长良好，而以硝酸钾和硝酸钠为氮源时，菌丝不生长。NO_3^-需要经过硝酸还原酶和亚硝酸还原酶的作用还原为NH_4^+才能被利用。这一还原过程需要经过NO_2^-阶段。因此，凡是能利用硝酸盐的真菌都能利用亚硝酸盐。

2.有机氮的利用　氨基酸、尿素等是食用菌的速效氮，可以不经转化直接被菌丝吸收、利用。但尿素经高温处理后分解放出氨气和氰氨酸，致使培养基中的pH升高并带有氨味，从而对食用菌产生毒害，影响菌丝生长。复杂的有机氮，如蛋白质、蛋白胨等是食用菌生长发育过程中的长效氮，必须经过细胞的胞外蛋白酶分解，将其转化成小分子有机氮（氨基酸、尿素等）才能被吸收利用。蛋白质和较大的肽是水溶性的，并能扩散到菌体表面，食用菌在利用蛋白质时，也是利用细胞分泌的胞外蛋白酶，将蛋白质分解为多肽，再分解为较小的肽或氨基酸后进行吸收利用。也有一些真菌可以通过转移系统吸收短链的肽，但超过3～5个氨基酸单位的肽就不能完整进入细胞了。食用菌对氮进行吸收时，表现为优先利用有机氮。

氮含量对菌丝生长速度以及子实体产量都有显著性的影响。研究表明，添加1%蛋白胨的培养基，蛹虫草的生物学效率比添加5%蛋白胨的培养基提高了14个百分点。在毛木耳栽培中，添加麦麸或玉米粉在一定程度上可以增大耳片厚度并提高耳片重量。同时氮含量也影响食用菌子实体的营养成分。研究表明，香菇培养基中粗蛋白含量与子实体中多种人体必需氨基酸含量有显著差异。在平菇栽培过程中，培养料添加15%的麸皮可显著提高子实体中氨基酸的含量。氮代谢同时也影响食用菌的生长发育，对次级代谢也有显著的调控作用，在灵芝菌丝液体深层发酵中，氮饥饿能提高多糖产量。

（三）碳氮比

食用菌的菌丝生长和子实体发育不仅需要充足的碳源和氮源，而要根据食用菌种类的不同，要求碳氮比（C/N）与之相适应。食用菌不同生理类型对碳氮比的要求不同，同一种类的食用菌在不同生长发育期对碳源和氮源的要求也不同。一般来说，木腐型的真菌适宜碳氮比为（90～130）：1，草腐型的真菌适宜碳氮比为（20～50）：1。同一种类的食用菌在生长发育的不同时期，对碳氮比的需求不同，在营养生长阶段，即菌丝生长阶段，要求基质中含氮量低，菌丝生长初期培养基中含氮量过高会引起菌丝徒长，延长食用菌营养生长时期，推迟生殖生长，即子实体形成推迟。但生产过程中，适当地增加氮含量可以提高食用菌的产量。氮源应以天然有机物为主，如麦麸、豆饼、米糠、玉米粉等，若使用无机氮肥或尿素，应提前发酵，无机氮经微生物转化为有机氮后再使用。在使用尿素时，避免在菌棒灭菌前直接加入培养料中。添加足够的氮源不仅是为了满足食用菌生长的需要，而且有利于培养料中其他有益微生物的活动与繁殖，可促进物质转化，提高碳等其他元素的利用率（向世华，1990）。在灵芝栽培过程中，相对高的碳氮比有利于多糖及粗蛋白质的生成。

食用菌常用培养料的碳氮比如下。大豆秆C/N为75：1，玉米芯C/N为105：1，玉米秸秆C/N为107：1，棉花秆C/N为111：1（何培新等，2001），木材C/N为（260～600）：1，棉籽壳C/N为（25～30）：1，稻草C/N为58：1。

（四）矿质元素

食用菌生长发育需要一定量的矿质营养，矿质元素可分为大量元素和微量元素两大类。大量元素包括磷、钾、钙、镁、硫、钠等，微量元素包括铁、硼、铜、锌等。这些矿质元素往往以无机盐的形式存在，如磷酸二氢钾、硫酸钙、氯化钠、硫酸锌等。无机盐类的生理功能主要是：①构成细胞组分；②构成酶的组分和维持酶的活性；③调节渗透压、氢离子浓度、氧化还原电位等。

无机盐中的元素磷、钾、镁最为重要，食用菌对其需求量也最大，而对铁、钴、锰、锌等微量元素需求量很小。在一种用无机分析方法检测不到微量元素存在的培养基上，食用菌不会出现因微量元素缺乏导致的生理性病害且能正常生长。水、木屑、秸秆、棉籽壳等植物性产品中所含的微量元素已经可以满足食用菌的正常生长，所以在食用菌栽培过程中一般不需要另行添加微量元素。如果额外添加，不但起不到作用，反而会引起盐中毒，影响食用菌的生长发育。

大量元素对食用菌的生长是至关重要的。缺乏其中任何一种都会引起减产。磷是细胞的结构物质，是细胞膜、细胞核和一些酶的成分。同时，它还以磷酸代谢的形式参与细胞能量代谢，并参与调节细胞的渗透压。磷对食用菌的生长发育有着非常重要的作用。食用菌吸收利用的是无机磷酸盐，如磷酸氢二钾、磷酸二氢钾、磷酸钾、过磷酸钙等，通常的使用量是 $1\% \sim 2\%$。磷酸氢二钠、磷酸二氢钠不能被食用菌利用。硫是含硫氨基酸、维生素及含硫或巯基酶的组成成分，常用的硫酸盐是硫酸钙、硫酸镁、硫酸铵，通常的使用量也是 $1\% \sim 2\%$。

钾是核苷酸合成核苷酸转甲酰酶等许多酶的激活剂，对细胞的渗透、物质运输等都起着重要的作用，如钾供应量不足，细胞对糖的利用率就不高，同时还会影响产量。钙是食用菌细胞内重要的元素，是蛋白酶的激活剂，能提高线粒体的蛋白质含量，同时能够抵抗其他二价阳离子过量带来的毒害，还具有调节培养料中酸碱度的作用。生产中常用的钙盐有硫酸钙、碳酸钙等。根据食用菌的不同种类及栽培的不同时期进行添加，如香菇栽培时使用石膏，木耳栽培时使用石灰+石膏，高温天气石膏的添加量应多些，常用量为1%～3%。

镁在食用菌有氧呼吸中，主要做酶的激活剂，如在二磷酸腺苷（ADP）生成三磷酸腺苷（ATP）能量物质过程中，催化ADP+Pi→ATP时镁起着辅助因子的作用。镁作为必要元素参与ATP以及核酸、核蛋白等各种磷化合物的合成。镁还在细胞内起到稳定核糖体、细胞质膜和核酸的作用。

（五）维生素和生长因子

维生素是食用菌生长发育必不可少、需求量很小的一类小分子化合物，大多数维生素是辅酶的组成成分。它虽然不能提供能量，也不是细胞核组织的结构成分，但是一旦缺少维生素，酶就会失去活性、钝化，新陈代谢就会失调。如维生素B_1，它是辅羧酸酶的重要组成成分，而辅羧酸酶是食用菌碳代谢必不可少的酶类。因此，如果培养基中缺乏维生素B_1，食用菌会生长迟缓；严重缺乏时，其生长将会完全停止。在食用菌生产过程中，常用马铃薯、麸皮、米糠、豆饼等原料制作培养基，这些原料中的维生素种类齐全、数量充足，能充分满足食用菌的生长所需，不需要另行添加。但维生素不耐高温，120℃以上就会分解并失去功效，因此，培养料灭菌时切忌过度高温或高温时间过长。在野生菌子实体分离或菌种块转接过程中，常出现组织块不萌发，菌种块不生长等情况，其中一个重要原因就是培养基中缺乏野生真菌生长所需的维生素，或在高温灭菌时，培养基中的维生素被破坏了，如分离青海黄蘑菇等。对食用菌生长影响最大的是B族维生素、维生素H和维生素P。

除了维生素外，还有许多其他有机化合物在低浓度时也能够影响真菌的生长和发育，这些物质统称为生长因子或生长调节剂。如脂肪酸类、高等植物激素类、某些挥发性物质等。生长调节剂不作为辅酶，通常在浓度稍高的时候才能对真菌生长产生影响，且在不同真菌生长中的作用也不相同。

植物激素萘乙酸（NAA）、赤霉素（GA）、吲哚乙酸（IAA）、吲哚丁酸（IBA）等能促进食用菌子实体生长发育，但要控制好激素的浓度，浓度过低起不到应有的效果，浓度过高会抑制生长。NAA能促进蛋白酶和脂肪酶的活性，并增强对磷的吸收，有促进子实体的形成、增加产量的效果。IAA也能刺激子实体数量、鲜重、菌盖直径和菌柄长度增加。在虎皮香菇子实体形成过程中，不同的激素浓度有着不同的效应。当IAA含量在100μg/g时，子实体形成的数量变少，当IAA含量在300μg/g时子实体数量增加。食用菌生产中常用的激素及其浓度为吲哚乙酸10mg/L、萘乙酸20mg/L、赤霉素10mg/L、三十烷醇0.5～1.5mg/L。根据食用菌的种类及其品种的不同斟酌使用植物激素。

二、灵芝对环境的需求

灵芝可利用的碳氮源很多。生产实践表明，多种农林副产物都可作为灵芝栽培的基质，如棉籽壳、玉米芯、玉米秸秆、甘蔗渣、阔叶树的枝干、果树枝条、木屑等。研究表明，在对3类不同种的灵芝菌株，赤芝（*G. lucidum*）、肥城树舌灵芝（*G. applanatum*）和紫芝（*G. sinense*）的最适碳源分别是蔗糖、葡萄糖和麦芽糖，最适氮源都是酵母膏（兰玉菲等，2016）。灵芝菌丝在马铃薯葡萄糖琼脂培养基（PDA）上生长良好，在22～25℃恒温条件下培养10d，菌丝长满斜面，但在PDA中加入麸皮和蛋白胨或木屑煮出液，灵芝菌丝生长更快、更浓密。在以木屑为主要原料代料栽培灵芝的最佳氮源是麸皮，在培养基中加入15%～20%的麸皮，灵芝子实体产量及生物转化率较高（王庆武等，2016）。在对泰山灵芝的研究过程中发现，泰山灵芝的最佳碳氮比为（30.23～47.47）∶1（王庆武等，2017）。

（一）对温度的需求

灵芝属于高温结实性菌类。自然生长的灵芝多集中发现于亚热带地区的夏秋季。灵芝菌丝生长的温度为3～40℃，最适温度为25～28℃；10℃以下和36℃以上时菌丝生长受到抑制，生长缓慢；32℃以上时菌丝细弱，抗逆性降低。灵芝子实体分化温度为18～30℃，其中以26～28℃范围内分化最快、发育最好；灵芝子实体形成的最低温度为17℃，温度低于24℃时，灵芝的菌盖厚但生物学转化率低，灵芝子实体形成和分化时温度变动宜小。灵芝子实体分化过程中，环境温度变化大时，菌盖易形成厚薄不均的"发育圈"，导致菌盖畸形，影响其商品性。因此，充分利用灵芝对温度的需求特性，在栽培灵芝过程中，合理调节外界温度，可实现优质高产。

（二）对湿度的需求

水分是灵芝生命活动的首要条件，如果灵芝体细胞缺乏水分，灵芝的生命活动就会停止，菌丝体和子实体就会枯萎甚至死亡，因此在灵芝培养过程中，满足其水分的需要非常重要。

灵芝属于喜欢湿性的食用菌。自然发生的灵芝都生长在小溪边的枯木上或靠阴面湿度较大的朽木上。在灵芝菌丝体生长期间，母种培养基的含水量较香菇大。在制作马铃薯葡萄糖琼脂培养基（PDA）时，1L培养基中琼脂的加入量为17～18g时灵芝生长得最好。在灵芝代料栽培过程中，要求培养料的含水量为60%～65%。段木栽培时，菌棒中的含水量控制在40%～50%，水分过少，菌丝生长细弱，子实体分化延迟；水分过多，影响基质的透气性，菌丝生长缓慢且发育不良。

灵芝菌丝培养期间，无需在袋内补充水分，只需要保持空气相对湿度为60%～65%即可。如果空气相对湿度太低影响菌丝正常繁殖，湿度过大，容易滋生杂菌，影响灵芝的成活率。子实体发育和生长阶段，环境湿度应在85%～90%，在此过程中可通过人为喷水或浇水来控制；段木栽培时，也可在畦与畦之间的沟中灌水。湿度过低时，原基不易形成，子实体发育缓慢，且容易形成畸形，幼嫩的浅黄色或乳白色生长点易老化，提前进行成熟期而停滞生长，造成减产。但长期处于高湿的状态，会大量滋生杂菌和害虫，特别是在灵芝孢子粉弹射过程中，如果空气相对湿度过大，孢子粉容易结块并发生霉变，进而影响孢子粉的品质和产量。

（三）对光照的需求

光对灵芝菌丝生长和子实体发育影响很大。在灵芝菌丝体生长阶段，不需要光照，黑暗环境有利于菌丝细胞的分裂和伸展。但在灵芝子实体发育过程中，光照显著影响灵芝活性物质的积累和子实体的产量。研究发现，从光质来看，蓝光有利于灵芝菌丝体生长代谢（王立华等，2011），促进菌丝生长、三萜酸和多糖的积累以及相关酶的活性（梅锡玲等，2013）；黄光（550～600nm）处理下，灵芝子实体高于红光（650～700nm）、绿光（500～550nm）、蓝光（450～500nm）和可见光（350～750nm，对照），子实体单株干重111.899g，比对照高1.55g；蓝光下孢子粉产量高于其他处理。可见，若以收获子实体为主要生产目的，子实体阶段应给予黄光，若以收获孢子粉为主要目的，应给予蓝光（吴惧等，1992）。

光照强度影响灵芝子实体分化和发育，灵芝栽培过程中半阴处理时灵芝多糖含量高，全阳处理时多糖含量最低但蛋白质含量最高，全阴处理蛋白质含量最低，半阴处理三萜的含量最高，全阳处理三萜的含量最低（袁学军等，2012）。光照度在20～100 lx时，只形成类似菌柄的突起物而不分化出菌盖；300～1 000 lx时，菌柄细长，菌盖瘦小；当环境光照达到3 000～15 000 lx（谭伟等，2007）时，菌柄和菌盖生长正常，可见灵芝的生长发育是极其喜光的。

灵芝子实体具有很强的向光性，在栽培管理中，菇棚四周的光线要尽量均一，原基一旦分化，菌袋不宜挪动，以免造成灵芝畸形，影响商品性，但在制作盆景时，也可利用灵芝这一特性，通过光照来造型。

（四）对酸碱度的需求

灵芝菌丝对酸碱度的要求与大多数菇类相似，喜欢偏酸性环境，要求培养料的pH为4～6。因培养料在灭菌过程中，pH会下降1～2。因此在配料时一般要求基质的pH达到6～7。在灵芝代料或段木生产过程中，生产配方中自然pH基本符合要求，一般不另行调节。

（五）对通气的需求

灵芝属于好气性真菌，其生长发育对氧气需求量大，需要空气中有足够的氧气提供，才能正常生长发育。当空气不流通时，空气中的氧气含量低，灵芝的呼吸受阻，呼吸代谢作用不能正常进行，菌丝生长和子实体发育也会因呼吸窒息而受到抑制，甚至导致死亡。菌丝生长适宜CO_2浓度为3.5%～11.1%，停止生长时CO_2浓度为18.74%，菌丝死亡时CO_2浓度达20%（郭家选等，2000）。灵芝子实体形成和发育阶段，对已分化形成菌柄和菌盖的子实体，当CO_2浓度增加至0.1%时，菌盖停止生长发育而形成畸形芝；但一旦降低环境中的CO_2浓度，子实体又会重新发育（陆文樑等，1975）。空气中CO_2浓度积累至0.1%、O_2浓度低于26%时，不分化菌盖；CO_2浓度达到0.3%时，原基萌发多，菌柄细长，并产生多个分枝（钟孝武，2002）。因此，在生产上，芝农根据生产目的，收获灵芝子实体，当原基形成时，增加CO_2浓度，促使原基分化形成芝柄，等芝柄长到12cm左右，掀开小拱棚的薄膜，降低CO_2浓度，促进生长点分化成芝盖；收获孢子粉时，为使后期孢子粉质量好，适度增加菌盖离地面的高度，保证灵芝子实体弹射孢子粉后期空气的流通性，芝农在原基分化成菌柄时，延迟掀膜时间，使菌柄长至15cm左右才降低CO_2浓度。在制作灵芝盆景时，人们也可利用这一特性提高栽培环境的CO_2浓度，定向栽培出无菌盖、多分枝的鹿角灵芝。

（六）其他因子对灵芝的影响

1.**微生物**　自然界微生物之间有着一定的联系，有些相互依存，有些相互竞争。灵芝具有与其他微生物相似的特性，具有相互竞争的关系。灵芝与细菌、放线菌、黄曲霉、木霉同属于微生物，其生长温度、湿度及营养需求都有很高的相似性。在灵芝生产过程中，若灵芝菌丝的生长环境中感染了其他微生物，这些有害微生物就会与灵芝竞争营养，影响灵芝菌丝的生长。有害微生物还会利用、分解灵芝子实体，灵芝子实体上感染了有害微生物会影响灵芝的正常发育，导致灵芝产量和品种降低。因此，在灵芝栽培过程中，一是要保证灵芝菌种的纯正，灵芝菌种包中只有单一的灵芝菌丝；二是要保证培养料彻底灭菌，使灵芝菌丝生长的环境中只有灵芝一种菌丝体；三是在后期菌丝培养的环境中，保持空气洁净。

据高兴喜等（2009）采用酸解法以3种食用菌病原真菌（木素木霉、蘑菇轮枝孢和顶头孢）为激发子菌株分别制备相应的激发子，以不同浓度和不同时间添加到灵芝发酵培养基中，考察对灵芝多糖和三萜类物质积累的影响。从研究的结果来看，顶头孢激发子无论对灵芝多糖还是灵芝三萜类物质积累的诱导作用都是这三者中表现最好的，灵芝多糖和三萜类物质的积累与对照组相比分别提高了6.1倍和5.2倍；木素木霉激发子对灵芝多糖和三萜类物质积累的诱导作用次之，蘑菇轮枝孢激发子对灵芝多糖和三萜类物质积累的诱导作用最弱。

2.**昆虫**　昆虫在灵芝生产过程中往往起危害作用，自然界中许多昆虫常常取食灵芝的菌丝、菌材，如白蚁，对山区或林下栽培的段木灵芝，白蚁是其主要的危害昆虫，主要取食菌材，与灵芝子实体争夺营养，从而造成灵芝个头小，或还未成熟就萎缩、死亡。野蛞蝓（*Agriolimax agrestis*）取食灵芝原基，灵芝谷蛾取食灵芝菌盖、菌柄和原基，螨虫主要为害灵芝菌丝。不管这些害虫为害菌丝、原基还是子实体，都严重地影响了灵芝的生长发育，导致灵芝产量和品质的下降。因此，在生产过程中，菌棒下地前，要充分做好栽培场地的杀虫工作，在灵芝生长期间，一旦发现有害虫要及时进行扑杀。

但据刘高强等人的研究，在灵芝液体发酵液中加入蜈蚣后，会新生成一种三萜类物质Lucidone C，且灵芝胞外三萜的抗肿瘤活性比不加蜈蚣时有一定增强（刘高强等，2008）。

3.植物生长调节剂　植物生长调节剂如油菜素内酯可促进灵芝产量增长（陆晓民等，2001）。油菜素内酯自20世纪70年代在油菜花粉中发现，此类物质是一种广泛存在于植物界的内源激素，近年来，人工合成已获得成功。在代料灵芝栽培过程中加入油菜素内酯0.02～0.04mg/L可使灵芝产量提高35%以上。

复硝酚钠（Compound sodium nitrophenolate）化学成分含有邻硝基苯酚钠，是一种强力细胞赋活剂。复硝酚钠是1997年经美国国家环保局批准，进入美国绿色食品工程的唯一人工合成的植物生长调节剂，被联合国粮农组织（FAO）指定为绿色食品工程推荐植物生长调节剂，它的使用对人体和动物没有副作用且无残留问题（马骏球，2020）。陆晓民等人以不同浓度的复硝酚钠作用于灵芝培养料，从而得出不同浓度复硝酚钠对灵芝生长发育的影响存在差异，以浓度2mg/kg和3mg/kg处理效果较好，可以显著地促进灵芝菌丝的生长和产量的提高（陆晓民等，2000）。

4.化学试剂　很多化学试剂影响灵芝菌丝或子实体的生长，不同种类或浓度的化学试剂对灵芝的影响效果不同。

据刘贵巧等（2004）的研究可以看出，在代料灵芝栽培料中加入过氧化氢（1%）、过氧乙酸（1%）、冰醋酸（1%）、石灰（2%）对灵芝菌丝的生长无不良影响，菌丝长势和菌丝密度与对照无明显差异；但漂白晶片（1%）、多菌灵（1%）、美帕曲星（$C_{59}H_{86}N_2O_{19}$，1%）对灵芝菌丝有不同程度的抑制作用，其抑制程度为多菌灵大于美帕曲星和漂白晶片。

不同种类、浓度的杀菌剂对灵芝菌丝生长的抑制作用不同。在对杀菌剂多菌灵（400g～1 600g/L）、氢氧化铜（可杀得）

（600 ～ 1 500g/L）、烯唑醇（丰收纯）（400g ～ 1 500g/L）、百菌清
（400 ～ 1 500g/L）、噁霜灵＋代森锰锌（杀毒矾）（600 ～ 1 500g/L）
的研究过程中，发现其对灵芝菌丝的抑制作用有显著的差异。其
中烯唑醇、噁霜灵＋代森锰锌平均抑制率都达到了100％，多菌灵
和百菌清平均抑制率分别达到98.72％和84.61％，氢氧化铜的平
均抑制率为9.53％。烯唑醇（400 ～ 1 500g/L）、噁霜灵＋代森锰
锌（600 ～ 1 500g/L）在浓度范围内完全抑制了灵芝菌丝的萌发。
多菌灵（400 ～ 1 600g/L）在浓度范围内对灵芝菌丝生长有很强
的抑制作用，抑制率均在97％以上，且表现出菌丝不能萌发或延
迟萌发，且生长稀疏细弱。氢氧化铜（600 ～ 1 500g/L）在其研究
浓度内对灵芝菌丝抑制作用较小，抑制率为1.25％～ 23.91％。百
菌清（400 ～ 1 500g/L）在此范围内抑制作用比较大，抑制率为
65％～ 100％，且菌丝萌动延迟，生长势和色泽受到很大影响，菌
丝表现为不能萌发，或稀疏细弱（张萍华，2001）。

参 考 文 献

鲍锐, 吴世良, 等, 2015. 不同有机碳对灵芝液体发酵灵芝酸生产的影响[J]. 安徽
　　科技学院学报, 29(6): 71-76.

方华舟, 向会耀, 等, 2010. 不同碳源对蛹虫草菌丝及子实体生长状况的影响[J].
　　荆楚理工学院学报, 25(2): 5-8.

兰玉菲, 王庆武, 等, 2016. 灵芝属3个种菌丝生长的最适碳源、氮源及温度比较
　　[J]. 中国食用菌, 35(1): 31-33.

李洁, 2015. 三种单糖碳源对灵芝多糖合成影响的研究[D]. 无锡: 江南大学.

李玉, 于海龙, 等, 2011. 光照对食用菌生长发育影响的研究进展[J]. 食用菌,
　　33(2): 3-4.

刘高强, 丁重阳, 等, 2008. 蜣螂对灵芝发酵菌丝体生长和三萜产物形成的影响
　　[J]. 菌物学报, 27(5): 757-762.

刘贵巧, 刘贵兰, 2004. 化学药剂在平菇、灵芝制种中的应用试验[J]. 微生物学

杂志, 24(3): 62-63.

陆晓民, 封跃, 2000. 复硝酚钠在灵芝栽培中的应用研究[J]. 中国林副特产(4): 3.

陆晓民, 李冰, 2001. 在灵芝培养料中添加激素和肥料的正交试验[J]. 中国中药杂志, 26(5): 303-304.

裴海生, 孙君社, 等, 2017. 木质素对灵芝菌丝体生长的影响[J]. 农业工程学报, 33(6): 309-314.

吴惧, 徐锦堂, 1993. 二氧化碳对灵芝生长发育的影响[J]. 中国药学杂志(1): 13-16.

向世华, 1990. 食用菌营养生理[J]. 中国食用菌, 9(5): 13-15.

张桂香, 李彬, 1999. 日光温室内不同光照强度对食用菌生长发育的影响[J]. 甘肃农业大学学报(3): 291-295.

张金霞, 蔡为明, 等, 2020. 中国食用菌栽培学[M]. 北京: 中国农业出版社.

Hou L, Li Y, Chen M, et al., 2020. Improved fruiting of the straw mushroom (*Volvariella volvacea*) on cotton waste supplemented with sodium acetate[J]. Environmental microbiology, 22(1):107-121.

Magasanik B, 1992.Regulation of nitrogen utilization [M]//Jones E W, Pringle J R, Broach J R.The molecular and cellular biology of the yeast saccharomyces: Gene expression. NY: Cold Spring Harbor Laboratory Press.

Zhang R Y, Hu D D, Zhang Y Y, et al., 2006. Anoxia and anaerobic respiration are involved in "spawn-burning" syndrome for edible mushroom *Pleurotus eryngii* grown at high temperatures [J]. Scientia horticulturae, 199: 75-80.

第四章
灵芝菌种的制作工艺

一、菌种场的选址与布局

（一）选址

菌种场的选址要根据以下几个方面进行。

（1）**当地食用菌的生产规模**　菌种场的选址应选在生产量较大、生产菇农相对集中的地方。

（2）**交通便利**　菌种场的选址应选在交通便利，道路条件设施较好的地方，以利于原材料的购入和菌种的外运。地址应以县城周边所在的地区为好。

（3）**环境设施**　要有充足的水源，电力、能源供应有保证，土地平坦，排水通畅，周边社会治安状况良好。附近有常住居民，以利于雇佣。

（4）**环境条件**　选址应避免与工厂、畜禽养殖场、发酵厂、垃圾堆放点等有可能对环境产生污染的区域为邻。避免废水、废气、害虫及杂菌的危害。

（二）布局

菌种场应根据菌种生产量和发展空间大小进行合理布局。菌种日生产量与冷却室、接种室、培养室的面积以及菌种培养长短等相适应。培养基的配制、装瓶（袋）、灭菌、冷却、接种应一条龙作业且方便操作、运输。避免原料堆放场与冷却室、接种室、培养室相邻，以免未处理的原料污染灭菌后的菌包。资金重点投入在灭菌、冷却、接种、培养的设备和室内标准化设备的配备上。

（三）菌种场基本设施

灵芝菌种生产常规的配套设施和设备包括高压蒸汽灭菌锅、无菌室、接种箱、超净工作台、培养室等。

1.灭菌锅　灭菌锅宜采用双门式灭菌锅，前门与培养基配制区域、装袋的有菌区域相连，后门与冷却室等一般无菌区相连。灭菌完成冷却后，打开后门，灭菌后的菌包移入冷却室。同时，操作过程中，双门不可同时打开，以免对流，防止前门有菌区空气中的杂菌进入冷却室造成空气污染，从而污染灭完菌的料包。

2.冷却室、接种室、培养室的要求　冷却室、接种室、培养室要求用防滑地板砖或水磨石地面，四周墙壁、房顶要进行防潮处理，并安装空气过滤装置和推拉式房门，以免因开关房门造成空气冲击。冷却室应配备除湿和强制冷却装置，接种室、培养室配置分体式空调。

冷却室、接种室、培养室要保持清洁卫生，并定期消毒，工作人员要穿工作服并佩戴工作帽。

冷却室、接种室、培养室均为无菌区，其中接种室为高度洁净无菌区，要求配置100级空气自净器，使其保持正压状态。原料仓库为污染源，应设法隔离以减少对各室造成环境污染。

3.紫外线杀菌设备　紫外线的波段划分为：长波紫外线，称作UVA，波长值为320～400nm；中波紫外线，称作UVB，波长值为275～320nm；短波紫外线，称作UVC，波长值为180～275nm，此波长可引起蛋白质和类脂体结构的变化，特别作用到染色体，破坏其核酸代谢而产生"阻活作用"。而紫外线消毒，就是利用紫外线中的短波紫外线，也就是UVC，用这一区域的波段，将微生物的核糖核酸（RNA）和脱氧核糖核酸（DNA）破坏，达到杀灭效果。核酸在240～280nm波段处有强烈吸收，最大吸收值在260nm附近。因此，紫外线消毒器波长值都是在260nm左右，一般是在253.7nm时杀菌力最强。臭氧紫外线消毒器，波长值185nm左右，这个波长值的效果是能分解氧分子，生成的氧离子与氧气结合产生臭氧，从而达到杀菌作用。

二、母种生产

母种生产是灵芝菌种生产的第一步，也是最关键的一步，其菌种质量的优劣关系到以后原种和栽培种的质量好坏。首先，要选择综合农艺性状优良、稳定性好的灵芝品种作为种源。其次，严格按照母种制作技术规程操作，制备出高质量的母种。从外地引进的灵芝品种，要在当地进行过出芝试验后才能扩大栽培，以测定其品种是否适宜本地栽培以及品种的稳定性和品种习性。这样做可避免造成重大经济损失。

（一）工艺流程

灵芝母种生产的工艺流程为：原料准备→培养基配制→分装→灭菌→冷却→接种→培养→质量检查→合格菌种。

（二）培养基配方

不同的灵芝品种对培养基的需求也略有不同，可根据品种选育单位对品种的描述选择合适的培养基。灵芝母种生产常用的培养基配方如下：

（1）PDA培养基　马铃薯200g，葡萄糖20g，琼脂18g，水1 000mL，pH自然。

（2）PDA木屑培养基　马铃薯200g，葡萄糖20g，琼脂18g，木屑40g、水1 000mL，pH自然。

（3）马铃薯综合培养基　马铃薯200g，葡萄糖20g，硫酸镁

1.5g，磷酸二氢钾3g，维生素$B_1$10mg，琼脂18g，水1 000mL，pH自然。

（4）蛋白胨-葡萄糖培养基　蛋白胨20g、葡萄糖20g、琼脂18g，水1 000mL，pH自然。

（5）马铃薯-木屑-蛋白胨培养基　马铃薯200g，木屑50g，葡萄糖18g，蛋白胨2g，磷酸二氢钾3g，硫酸镁1.5g，维生素$B_1$10mg，琼脂18g，水1 000mL，pH自然。

（三）培养基的配制

以PDA木屑培养基为例介绍培养基的配制。

1.母种培养基的制作

①将马铃薯去皮，称量200g，用小刀切成1cm×1cm的块状，放入不锈钢锅中。锅内加水500mL，加热煮沸20min，使马铃薯熟而不烂为宜。要求：新鲜马铃薯，无变绿或发芽。

②加入40g无霉变的木屑，放入不锈钢锅中，锅内放入500mL水，加热煮沸20min。

③用4层纱布过滤马铃薯汁液和木屑煮出液，在滤液中加入18g琼脂，继续加热至琼脂完全溶化。加热期间注意不断搅拌，防止溢锅或焦底。

④琼脂完全溶化后，加入葡萄糖，充分搅拌均匀，补足水分至1 000mL。

2.趁热分装试管　因琼脂极易凝固，所以在分装过程中要注意培养液的保温。分装用的试管多采用18mm×180mm的玻璃试管，保存用的培养基可用15mm×150mm的试管。每管装入量为试管长度的1/4，一般8～10mL。分装时注意装量均匀，切忌有的多有的少，不要将培养液滴在试管口周围的管壁上。

3.加装棉塞　加入试管的棉塞应用较高等级的棉花制作，棉塞的大小应与试管相适宜，塞入长度占棉塞长度的2/3，松紧度要适中，既能保证通气，又要防止污染。用手捏住棉塞，试管不能往下掉，稍用力才能将棉塞拔掉。棉塞应光滑圆润，防止大头小尾，或者没有棉塞头，否则影响后期接种操作。也可使用与试管配套大小的硅胶塞，硅胶塞可反复使用，使用后及时洗干净，放置于通风处晾晒后再次使用。在制作母种时，若扩繁菌种，一般采用棉塞，若保存用种，可采用硅胶塞。

4.扎捆装锅　加装好棉塞的试管用橡皮筋七支一捆扎好，上面再用牛皮纸包好，竖直放入高压灭菌锅里。

5.灭菌　放入试管后，将锅盖盖好。注意使用前一定要在锅内加足量的水。若使用手提式高压锅，上锅盖紧固螺丝时，要左右对称同时旋紧，确认密封严实为止。将灭菌锅放在电炉或煤炉上加热，关闭放气阀，使灭菌锅密闭，当水沸腾后，锅内压力开始上升，当压力达到0.04 ~ 0.05MPa（锅盖上的压力表有指示）时打开放气阀，使锅内热蒸汽连同冷空气一同排出，压力下降至0再排气10 ~ 15min，以完全将锅内冷空气排出（此时放气阀排出的热蒸汽呈直线，直线长度10 ~ 15 cm），然后关闭放气阀。继续加热，锅内压力不断上升，当锅内压力达到0.15MPa时，保持30min，然后停止加热，冷却使锅内压力下降。当锅内压力降至0后打开排气阀，将锅盖打开一条小缝，使热蒸汽逸出，停3 ~ 5min后再大开锅盖，利用锅体的余热将棉塞烘干，防止棉塞受潮。若使用自动高压灭菌锅，放入试管后，设定好程序即可。自动高压灭菌锅每年定时进行校正，保证灭菌锅内的压力与设定的压力一致。灭菌锅每次使用结束后，排干灭菌锅内的水，下次使用时再重新加入干净的水。

6.摆斜面　取出试管，解开牛皮纸，使试管散热冷却，当培养基温度降至60℃左右时，及时将试管摆成斜面。培养基温度太高时，摆成的斜面冷凝水太多，易滋生杂菌；温度太低时，培养基易于凝固，难以摆成斜面。将试管逐支摆放在桌面细木条上，使培养基的长度为试管总长度的1/2左右。冬天摆放试管斜面时，可在试管上面覆盖3 ~ 4层报纸，或放入泡沫箱中摆放，防止试管内外温差大，产生过多的冷凝水。摆放时注意试管的斜面要均匀一致，防止长短不一。试管冷却1d后收起，以备母种的转扩用。收集时要使斜面向上并平放，防止试管内培养基滑动、旋转或断裂。

7.无菌检验　灭菌好的母种培养基要先检验，无杂菌（其他微生物）才能使用。无菌检验的方法是：随意抽取10～20支斜面试管，置于28℃的恒温培养箱中培养48h，观察其中是否有杂菌生长，培养基中若无杂菌生长，方可用于生产母种，否则不能用于生产。

任选以上1种培养基，参照上述制作方法均可配制成适宜灵芝的母种培养基。曹隆枢等（1999）研究得出，用麦粒或糯米粉母种培养基代替PDA培养基，繁殖灵芝菌种的菌丝长在培养基内部，能使菌丝生长旺盛，并可延缓衰老、结皮等现象的发生。同时，母种转管或接种原种的速度大大加快，对菌丝损伤也能降低至最小。

（四）母种的分离

灵芝母种的分离方法有组织分离法和菌丝分离法。

1.组织分离法　组织分离法是通过灵芝的菇体组织分离培养而获得纯菌种的方法。该方法操作方便，菌丝萌发快，后代发生变异概率较低，遗传性状稳定。目前生产中这种分离方法的应用最为普遍。

（1）**种菇选择**　利用组织分离培育灵芝菌种时，种菇的选择一定要慎重。如选择某个品种时，要选择能代表该品种原有遗传特性的灵芝个体，以长势好、菇形完整、色泽适中、生长中期的灵芝个体为宜。

（2）**种菇的处理与消毒**　将挑选好的灵芝去掉杂质，放置1～2h，使菇体失去多余的水分。菇体含水量太大时，不易分离成功。用75%的酒精对灵芝子实体进行表面消毒。

（3）**分离与移接**　将分离用的小刀和接种针在酒精灯火焰上灼烧直至发红，冷却后用小刀切下灵芝生长点的黄色部分，挑取绿豆块大小的菌肉组织，迅速放入母种培养基斜面的中间部位。

（4）菌丝培养　将接过灵芝组织块的试管放入25℃左右恒温培养箱中，灵芝组织块经过2～3d即可萌发出白色的菌丝，继续生长3～5d，挑选菌丝生长健壮、浓密洁白、长势旺盛、无杂菌污染的试管，挑取尖端菌丝再进行转接，菌丝满管后，就得到了所要灵芝的母种。

2.菌丝分离法　菌丝分离法主要是针对野外采集的灵芝菌株，由于采摘时，灵芝可能不在生长前期，因此可采用木段基内菌丝进行分离。其具体的操作如下：

（1）木段的选择　选择灵芝菌丝旺盛，木段中的木质素还未被灵芝完全分解，摸起来还很硬的菌材，用锯子或小刀截取一段或一块木材。

（2）菌材的处理　菌材带入试验室后，用小刀削去菌材表面的附着物，再用75%的酒精对菌材表面进行消毒。

（3）分离与移接　将分离用的小刀和接种针在酒精灯上灼烧直至发红，冷却后用小刀挑取菌材内部黄豆大小的一块，迅速放入母种培养基斜面的中间部位。

（4）菌丝培养　菌丝培养同组织分离培养。

（五）母种的检验

1.母种特征表现　灵芝母种的菌丝白色、浓密、短绒毛状，气生菌丝不旺盛，菌丝培养后期出现革质化并出现浅黄色分泌物。在PDA木屑培养基上，用26℃恒温培养，1d后就能看到菌种块萌发，在显微镜下可见菌丝已延伸到培养基上，且有明显的锁状联合。7～10d菌丝可爬满15mm×150mm试管的培养基表面。

2.质量要求　灵芝菌种质量的优劣直接关系到栽培的产量高低和芝农的栽培效益好坏。菌种质量检测包括微观指标、宏观指标和生化指标等。其过程比较烦琐且周期长，不具备微生物知识的人员或未经培训的人员不能对灵芝母种的生长情况做出客观评价。但作为灵芝栽培者，可以了解灵芝母种的外观特点和其优劣特征。

（1）基本特征　纯的灵芝菌种具有灵芝菌丝体特有的气味。

在外观上表现为：菌丝体颜色洁白，生长粗壮、浓密、整齐、均匀，无色素分泌，培养基的斜面不干枯萎缩，无杂菌。

在特殊的不良环境下，灵芝菌丝体会产生分生孢子，导致菌落出现粉状外观。

不具备优质母种特征的母种，常常表现为：活力差，生长不整齐，菌丝不浓密，还未长满试管就出现黄色色素。这种菌种用于生产会导致严重的后果，将给栽培者带来严重的经济损失。

（2）**商品母种**　作为商品出售的灵芝母种，必须符合农业农村部《食用菌菌种管理办法》和《食用菌菌种生产技术规程（NY/T 528—2010）》要求的规定。

3.母种贮藏　灵芝母种贮藏一般是放入4～6℃恒温冰箱。贮藏所用培养基有：PDA培养基，或PDA培养基中放入小麦、木屑培养基等。不同培养基，贮藏时间也不同，保存时间最长的是木屑培养基，可保存1年。

（六）母种的转扩

1.挑选优质母种　严格挑选所要应用的灵芝母种，无论是从外地引进的或者是自己保存的菌种，其菌丝都要洁白、浓密、无杂菌感染，培养基不能失水萎缩。在电冰箱中保存的母种要提前3天移出，在室温下使菌丝活化（图4-1）。

图4-1　母种保存、提取

　　2.制备试管培养基　按照制作母种培养基的要求和标准，将灭菌彻底、无污染、凝固好的培养基准备好。

　　3.准备与消毒　将培养基试管、要转扩的母种以及接种所需的工具和用品，放入接种箱或超净工作台上。

　　4.接种　接种开始前，操作人员要先将手和工具用酒精棉球反复擦拭，再点燃酒精灯，将接种工具的尖端部位在灯焰上灼烧至发红，冷却后将要转扩的母种菌丝面划成小方块。然后用左手拿着刻划好的母种，用拇指和食指夹持，将培养基试管放在左手掌部，与母种并列摆放，一般放在母种试管的内侧。用右手小手指和手掌边缘拔掉培养基试管上的棉塞，用接种铲取一小块菌种迅速移入培养基试管的斜面上，菌种放置在斜面上方的1/3处(图4-2)。注意铲取母种菌丝块时，连带的培养基不要太厚，厚度一般在2mm左右为宜。整个操作过程试管的位置要始终在酒精灯火焰上方的无菌区；在超净工作台上转扩母种时，试管口要始终在灯焰的前方。母种的移接过程要准确迅速，接种完毕迅速塞上棉塞。

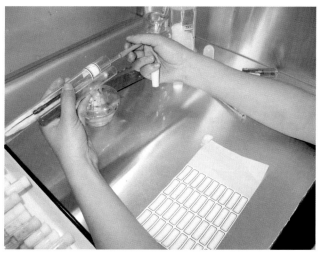

图4-2　接母种

5.菌丝培养 1支母种可扩接20～30支培养基试管。转接完毕后，10支试管捆成1把，用记号笔或玻璃铅笔在试管上标明品种名称及接种日期，或贴上印制好的标签（图4-3）。倾斜30°，放入恒温培养箱中培育菌丝。控制温度在26℃左右，2d后即可见到菌种块上萌发出新的灵芝菌丝，7～10d菌丝就可长满试管。

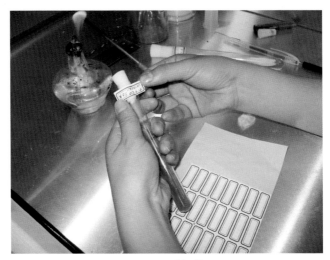

图4-3　贴标签

三、原种及栽培种生产

（一）原种、栽培种原材料准备

灵芝的原种是指由灵芝母种的菌种块移接到培养基中，经过菌丝培养，菌丝体数量不断扩大增殖长满整个容器而成的菌种。灵芝原种主要用于进一步扩繁为栽培种，也可以用于直接接种菌棒。灵芝栽培种是原种经过扩大再繁殖而成的用于大量接种菌棒的菌种。

原种和栽培种的生产，都是在扩繁灵芝的菌丝体数量，其培养料配方、生产工艺、菌丝培养过程等都大同小异，二者在本质上没有差别。

1.菌种瓶的选择和使用　灵芝原种常用的玻璃瓶有750mL标准菌种瓶或采用栽培袋，栽培袋的大小为：14cm×28cm×0.055cm或15cm×30cm×0.055cm。

2.培养料的制备

（1）主料　生产灵芝原种和栽培种，常用到的原料有阔叶树木屑（又称杂木屑）、棉籽壳、玉米粒、小麦粒等。要求原料新鲜、无霉变、无虫蛀、无变质等。

（2）辅料　生产灵芝原种和栽培种，常用到的辅料有麦麸、玉米粉、米糠、豆粉、蔗糖、尿素、石灰、硫酸铵、过磷酸钙、石膏等。要求原料无霉变、无酸臭味、不结块、无虫蛀。

（二）原种、栽培种配方选择

灵芝原种、栽培种常用培养料配方如下。

1.以杂木屑为主的配方

（1）杂木屑73%、麦麸20%、米糠5%、蔗糖1%、石膏粉1%，水分含量60%～62%。

（2）杂木屑73%、麦麸20%、玉米粉5%、过磷酸钙1%、石灰1%，水分含量60%～62%。

（3）杂木屑73.8%、米糠25%、硫酸铵0.2%、石膏粉1%，水分含量60%～62%。

（4）杂木屑69%、麦麸20%、米糠5%、豆粉5%、石膏粉1%，水分含量60%～62%。

2.以棉籽壳为主的培养基配方

（1）棉籽壳45%、杂木屑38%、麦麸10%、米糠5%、蔗糖1%、石膏粉1%，水分含量60%～62%。

（2）棉籽壳40%、杂木屑40%、麦麸10%、米糠5%、豆粉3%、蔗糖1%、石膏粉1%，水分含量60%～62%。

3.以玉米粉为主的培养基配方

（1）玉米粉98％、蔗糖1％、石膏1％，水分含量60％～62％。

（2）玉米粉83％、杂木屑12％、麦麸3％、蔗糖1％、石膏1％，水分含量60％～62％。

根据本地原料来源的具体情况，灵活地选择灵芝原种、栽培种配方。

（三）配制及装瓶

1.培养料的配制　适合灵芝菌丝生长的培养基很多，我们以"杂木屑73％、麦麸20％、米糠5％、蔗糖1％、石膏粉1％，水分含量60％～62％"的配方为例，来介绍100kg灵芝培养料的配制方法。

（1）称量　按照配方中各成分的含量占比，称取杂木屑73kg、麦麸20kg、米糠5kg、蔗糖1kg、石膏粉1kg，以及水120～140kg。其中，蔗糖溶于水中（5kg），搅拌直至蔗糖完全溶解，装入喷壶中备用。

（2）拌料　首先，把称好的杂木屑倒在干净、平滑的水泥地面上，再把麦麸、米糠和石膏均匀地撒在木屑上面，用铁锹将这些材料混合均匀（有拌料机的可倒入拌料机中拌匀），然后把混合后的原材料摊平，用喷壶把蔗糖溶液均匀地撒到混合后的料中，再分3～4次加入剩余的水，在每次加水时，边加边用铁锹搅拌，使料与水充分混合均匀。生产实践中很难确定原料的干重量，因此一般凭菇农的经验和感官来测定，用手抓一把料用力捏成团，指缝间有水痕渗出但无水滴下，松开仍成团但落地即散即可。

注意事项：若生产量大，可以分开若干堆称料、混合和搅拌。拌料力求均匀，要求木屑与辅料混合均匀，水含量均匀，酸碱度均匀；若拌料不均匀，会因麦麸、石膏（或钙粉）、含水量等不均匀而影响菌丝生长。

2.装瓶或装袋　菌种瓶洗净控干后装入适量的培养料，棉籽壳培养料装至瓶肩处，用专用工具将料面压平、压实，将瓶外壁擦拭干净。用盐水瓶装麦粒时，装量以瓶的1/2或2/3为宜，过多则灭菌后麦粒不易摇匀。手工装料时要求上紧下松，边装边上下抖动；用聚丙烯塑料袋装料时，注意袋底部的4个角是否装实，并且整体上应松紧度适宜。适宜的松紧度下，培养料的营养、水分、透气性均良好，有利于菌丝生长。若培养料装得太紧，料与料间的空隙少、透气性差，会导致菌丝生长缓慢且不易蔓延下伸；若培养料装得太松，料的保水性差，料易干，也容易被污染。

装好料的菌种瓶或菌种袋，要清洗其口上附着的多余培养料，再用棉塞将瓶口塞上，并注意塞紧。没有棉塞时可用两层报纸外加一层耐高温的聚丙烯塑料膜封口。

（四）灭菌

1.高压灭菌　高压蒸汽灭菌在0.15MPa的压力下保持60～100min，将培养料中的各种杂菌彻底杀死。棉籽壳及玉米芯培养料一般要求灭菌60～70min，麦粒培养料灭菌则需90～120min。

2.常压蒸汽灭菌　常压灭菌锅内温度达到100℃时，保持8～10h，麦粒培养料的灭菌时间要相应延长。制作麦粒菌种时，一般不宜采用常压灭菌方法。

常压灭菌锅的使用和操作要注意以下操作规程：①装锅时，菌种瓶摆放不宜太密实，要留出一定的空隙，保证热蒸汽通畅流动。②加足量水，封闭好锅门，开始时用大火猛烧，尽量在4h内使锅体内温度达到100℃。③当常压灭菌灶体内温度达到100℃后，可适当降低火力，使灶体内温度始终保持在98～102℃。注意补水（补温水），防止烧干锅。一次加水不宜太多，应少量多次，防止一次加水过多而降低灶内温度。④灭菌时间结束时，停止加热，待灶体内温度降至40℃左右时再打开锅门，冷却至自然温度后再出锅。

（五）接种与培菌

灭过菌的菌种瓶应放在干净的室内，利用接种箱或接种室进行接种，原种的制作一般都利用接种箱接种。

1. 接种箱的消毒 将冷却好的菌种瓶移放在接种箱内，要转接的平菇母种及所需物品、工具也要放入箱内，有条件的先打开紫外线杀菌灯，再用甲醛和高锰酸钾混合熏蒸消毒30min，或用气雾消毒剂熏蒸30min。

2. 接种 接种操作时，先将手及工具用75％的酒精棉球反复涂擦消毒，再将母种放置在接种架上，然后点燃酒精灯，将接种工具在灯焰上灼烧，冷却后伸入母种试管内，将母种斜面划成4～5块（斜面上端1cm左右的薄菌丝弃之不用）。用左手握料瓶，右手拿接种工具，右手小手指和手掌拔掉料瓶口棉塞，在酒精灯火焰附近快速将母种块移入菌种瓶内，使母种块上的培养基与瓶内料面接触，然后快速将棉塞在灯焰上过一下塞入瓶口。接种过程尽量减少菌种瓶口暴露的时间，以防止杂菌侵入。

3. 菌丝培育 一箱原种接完后，打开接种箱门，让甲醛气体挥发掉，移出接过种的原种瓶，在瓶壁贴上标有菌种名称、生产日期的标签，移入培养室竖直摆放在菌种培养架上（图4-4）。培养菌丝期间要求培养室干燥、黑暗、通风良好，温度在22～26℃。一般接种3d后母种块就会萌发，7～8d菌丝开始吃料生长，40～50d菌丝就可长满原种瓶。培养期间要注意观察菌丝生长情况，发现杂菌感染要及时挑出并进行妥善处理。

图4-4 原种培养

参 考 文 献

曹隆枢, 童巧隽, 1999. 段木灵芝栽培的五项革新技术[J]. 中国食用菌, 18(6): 28-29.

古家齐, 2004. 灵芝制种栽培技术[J]. 广西热带农业, 2: 38-39.

黄年来, 1994. 中国香菇栽培学[M]. 上海: 上海科学技术文献出版社.

温鲁, 2002. 灵芝菌种制作新技术[J]. 林业实用技术, 3: 38.

杨新美, 1996. 中国食用菌栽培学[M]. 北京: 中国农业出版社.

第五章
灵芝栽培技术

一、代料栽培

灵芝代料栽培，是指利用各种农林副产物，如棉籽壳、木屑、玉米芯等作为原料，以适宜比例混合为培养料并用于生产灵芝的栽培方式。该栽培方式主要基于农林副产物富含灵芝可吸收转化的植物性纤维类物质，既可降低灵芝栽培对木材的消耗，起到保护森林的作用；又可"变废为宝"。此类原材料经济价值低，可大大节约灵芝的栽培成本。灵芝代料栽培可在山地、丘陵、平原进行，且栽培技术与其他食用菌代料栽培基本相同，较易掌握（谭伟等，2007）。以下从栽培设施、栽培季节、栽培基质原料及配方、栽培技术、病虫害防控等方面介绍灵芝代料栽培的内容。

（一）栽培设施

灵芝代料栽培过程中，基料制备、接种、发菌、出芝等环节皆需要相应设施，发菌和出芝设施最为重要。

1.基料制备室　基料制备室用于灵芝代料栽培原材料预处理、拌料、装袋。该场地往往较宽敞，以便充分混匀基料并分区开展相应工序。基料制备室通常配备装袋机，规模较大的场地会修筑浸料池，购置小型搅拌机等。为便于装袋后灭菌，基料制备室一般距灭菌锅或灭菌灶较近。

2.**接种室** 接种室即是将灵芝菌种接种于栽培袋的场所，要求整洁干净。接种室配备有接种箱或超净工作台，通常也安设有缓冲间，以减少外界杂菌进入接种室。

3.**发菌室** 发菌室是用于料袋接种后放置菌袋、进行发菌的场所。为利于灵芝菌丝生长，发菌室要求保温、避光、适当通风换气。有条件的发菌室安装有空调，可调控温度，提高菌丝生长速度。专用灵芝发菌室安置有层架，菌袋摆放于层架上就不会因简单堆码在地面导致积温过高而影响菌丝生长。同时在发菌室张贴黄板纸、悬挂频振灯，减少害虫对菌袋的危害。有些生产场地将发菌与出芝安排在一起，也称"一场制"生产。闲置的蔬菜棚、仓库皆可用作发菌室。

4.**出芝棚** 出芝棚是灵芝菌丝长满料袋后进行出芝的场所。出芝棚作为重要的灵芝生产场地，需符合《绿色食品 产地环境质量（NY/T 391—2021）》的要求。出芝棚通常选择在用水便捷、有进出道路的地方，方便水分喷施和菌袋运输。简易出芝棚可以用木棍、竹竿搭建，再覆盖薄膜、遮阳网等；钢架出芝棚则以钢架进行支撑。在四川地区，灵芝代料栽培时出芝棚多为拱形荫棚；在山东则有日光温室、钢架大拱棚等（张金霞等，2020）。同样，闲置的蔬菜大棚可用作出芝棚。

（二）栽培季节

全国不同地区灵芝代料栽培季节安排有所不同，主要根据灵芝菌株特性和栽培区域气候条件确定。

四川省一般在春节前后（1月中旬）制种，3月接种，5月菌丝长满料袋进行摆袋，5月中旬开始冒原基，6月可采收第一潮灵芝子实体，采收可持续至8月中旬。

山东省灵芝制种在12月中旬至翌年1月，2—4月制袋接种，4—5月菌丝满袋进行摆袋，5月中旬至6月中旬开始出芝，7月初可进行采收。

（三）栽培基质原料及配方

灵芝代料栽培基质配方应具备适宜的碳氮比，主要生产原料包括棉籽壳、木屑（阔叶树木屑）、玉米芯等；生产辅料有麦麸、玉米粉、石膏等。生产有机原料须新鲜、干燥、未霉变、未生虫；无机化学原料为正品。灵芝代料栽培基质配方较多，生产者可根据当地优势原料来源情况或生产目的选择适宜的基质配方。以下列举部分常见的基质配方，供芝农参考使用。

1. 以棉籽壳为主料的基质配方

（1）棉籽壳90%、麸皮5%、石膏1%、石灰4%。

（2）棉籽壳90%、麸皮8%、石膏1%、石灰1%。

（3）棉籽壳86%、麦麸12%、蔗糖1%、石膏1%。

（4）棉籽壳85%、麦麸10%、过磷酸钙3%、石膏2%。

（5）棉籽壳80%、杂木屑10%、麦麸5%、玉米粉4%、石膏1%。

（6）棉籽壳78%、麦麸15%、玉米粉4%、蔗糖1%、过磷酸钙1%、石膏1%。

（7）棉籽壳75%、麦麸20%、玉米粉2%、蔗糖1%、磷肥1%、石膏1%。

（8）棉籽壳60%、杂木屑15%、玉米芯15%、麦麸9%、石膏1%。

（9）棉籽壳50%、杂木屑30%、玉米芯10%、麦麸5%、玉米粉4%、石膏1%。

（10）棉籽壳44%、杂木屑30%、麦麸20%、玉米粉3%、蔗糖1%、过磷酸钙1%、石膏1%。

2. 以杂木屑为主料的栽培基质配方

（1）杂木屑78%、麦麸20%、蔗糖1%、石膏1%。

（2）杂木屑72%、麦麸25%、蔗糖（白糖）1%、碳酸钙2%。

（3）杂木屑72%、麦麸20%、玉米粉5%、蔗糖（白糖）1%、过磷酸钙1%、石膏1%。

（4）杂木屑70%、玉米粉28%、蔗糖1%、石膏1%。

（5）杂木屑70%、麦麸25%、黄豆粉2%、蔗糖0.5%、磷肥1%、石膏1.5%。

（6）杂木屑70%、麦麸15%、米糠13%、碳酸钙2%。

（7）杂木屑50%、玉米芯35%、麦麸12%、玉米粉2%、石膏1%。

3.棉籽壳与木屑等量的基质配方

（1）棉籽壳45%、杂木屑45%、麸皮8%、石灰1%、石膏1%。

（2）棉籽壳42%、杂木屑42%、麸皮15%、石膏1%。

（3）棉籽壳40%、杂木屑40%、麦麸10%、玉米粉9%、石膏1%。

（4）棉籽壳40%、杂木屑40%、麦麸10%、玉米粉8%、蔗糖1%、石膏1%。

4.以玉米芯等主要农作物副产物为主料的基质配方

（1）玉米芯60%、棉籽壳15%、杂木屑15%、玉米粉5%、麦麸4%、石膏1%。

（2）玉米秸秆60%、苹果枝屑36%、过磷酸钙3%、石膏1%。

（3）高粱壳60%、杂木屑20%、玉米粉10%、米糠8%、过磷酸钙1%、石膏1%。

（4）蔗渣86%、麦麸12%、石膏1%、蔗糖1%。

5.其他原材料（药用植物等）基质配方

（1）木糖醇渣66%、玉米芯20%、麦麸10%、石灰3%、石膏1%。

（2）鲜酒糟70%、杂木屑10%、玉米粉10%、米糠8%、石膏1%、过磷酸钙1%。

（3）栗蓬40%、杂木屑40%、麦麸18%、蔗糖1%、石膏1%。

（4）芒草75%、杂木屑20%、玉米粉3%、蔗糖1%、石膏1%。

（5）厚朴非药用部位48%、玉米芯38%、棉籽壳9%、石灰粉5%。

（6）桔梗非药用部位50%、木屑20%、棉籽壳16%、麸皮10%、石灰3%、石膏1%。

（四）栽培技术

灵芝代料栽培技术工艺流程为：菌种制备→基质配制→装袋灭菌→接种→发菌培养→整地建棚→出芝管理→采收（图5-1）。

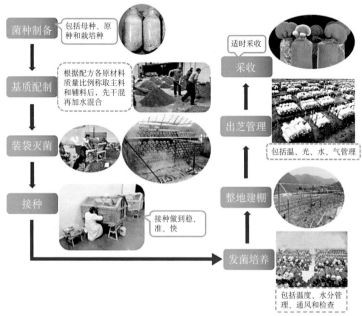

图5-1　灵芝代料栽培技术工艺流程

1.菌种制备　灵芝代料栽培菌种包括母种、原种（图5-2）和栽培种。母种制备以PDA培养基接种灵芝种块后，25℃恒温培养。

图5-2　灵芝试管母种和瓶装原种

一般情况下，菌丝在10d左右长满斜面。选择菌丝生长良好、无污染混杂情况的母种进行原种扩繁。

原种也称二级种，主要用作生产栽培种，也可直接作为栽培种。原种和栽培种可使用多个基质配方，以下列举4个。

（1）杂木屑78%、麦麸或米糠20%、蔗糖1%、石膏粉1%。

（2）杂木屑70%、麦麸或米糠25%、蔗糖2%、尿素1%、石膏粉2%。

（3）杂木屑73%、麦麸20%、玉米粉5%、过磷酸钙1%、石灰1%。

（4）杂木屑44%、棉籽壳44%、麦麸或米糠10%、蔗糖1%、石膏粉1%。

基质含水量控制在60%左右。原种扩繁以母种作为种源，栽培种扩繁以原种为种源，无菌环境转接菌种。接种后，将原种和栽培种置于27℃避光培养，空气相对湿度控制在60%~70%，25~30d灵芝菌丝即可长满料袋或料瓶。

2.基质配制　为了栽培出优质的代料灵芝，必须选择质量合格的原材料，有机原材料不能有霉变、不能生虫。选择原材料时可因地制宜，选择灵芝生产地区屯量大或特有的农林副产物以及纤维含量偏高的作物残渣，按照适宜碳氮比配制栽培基质配方。基质配制前，使用粉碎机将玉米芯、玉米秸秆之类的原材料粉碎为粒径20mm左右的颗粒（图5-3）。

图5-3　原材料预先粉碎过筛处理

　　基质配制时，根据配方中各原材料质量比例，先称取主料，如杂木屑、棉籽壳等，再称取辅料，如麦麸、玉米粉和石膏等。称取后，主料平铺于地面，辅料均匀撒在主料上面。称量好所有原材料后进行混合，为减少灰尘可洒入少量清水搅拌。干混均匀后再加水拌料，按照料水比为1：（1.1～1.3）加入清水，拌料使栽培料含水量均匀（图5-4）。拌料后不马上装袋，堆闷1h左右，一些地区堆闷一夜，使水分彻底浸润培养料，控制最终含水量为60%～65%，利于彻底灭菌。

图5-4　拌料（左为人工拌料，右为机械拌料）

　　3.装袋灭菌　完成基质配制后进行装袋，灵芝代料栽培采用聚乙烯或聚丙烯塑料袋，后者可采用高压灭菌。塑料袋有多种规格，通常直径×长度×厚度为17cm×33cm×0.005cm或22cm×42cm×0.002 5cm。山东省灵芝代料栽培使用的塑料袋规格主要为33cm×17cm×0.004cm或39 cm×18cm×0.004cm。装袋时将袋子一端扎好，张成筒状，开始装入培养料，一边装袋一边压实，直到袋口仅剩5cm长度时，套上橡皮圈并进行封口。有条件的生产者配备有装袋机，根据塑料袋规格调整好装袋机相关参数及适合的松紧度，只需工人进行套圈封口即可（图5-5）。

图5-5　装袋

　　装袋完成后进行灭菌，料袋放置太久容易造成基料变质、养分流失。代料栽培灵芝通常采用常压灭菌，以土蒸灶为主，目前燃料主要有天然气、新型颗粒燃料等。首先点火加热灭菌灶，大火快速升温，排出冷气；然后在98～100℃维持至少12h，若灭菌容量大，需维持20～24h（图5-6中）。灭菌时间根据灶体大小、装量大小而定。有条件的生产者配备有高压灭菌灶，通常用电，升温排出冷气后，121～126℃维持3h（图5-6右）。

图5-6　料袋上灶（左）及灭菌（中为常压蒸汽灶灭菌，右为高压灭菌）

　　4.接种　灭菌结束后待灭菌灶内温度降至安全范围时方可开启灶门，使灶内温度加快降低，降低至50℃左右时便可取出料袋。将灭好菌的料袋取出后堆码到室内或一处封闭的场所，堆码料袋的场所必须事先消毒灭菌，且临近接种箱或直接堆码至接种室内。堆码料袋时为提供较好的散热条件，料袋摆放不宜过于紧密，且可以用空调辅助降温。当料袋冷却至室温便可进行接种作业。

　　灵芝代料接种可选择在接种箱或接种室内操作，要求接种前预先使用气雾消毒剂或甲醛＋高锰酸钾对整个接种室进行封闭熏蒸式消毒灭菌；同时对菌种瓶表面及所有接种工具，如接种铲、酒精灯表面等进行消毒。接种时严格按照无菌操作规程，要求动作平稳、准确、快速，尽量减少菌袋污染。与其他食用菌接种相同，灵芝代料接种时也往往"抢温抢时"，即选择在凌晨2—3时接种，这是因为气温偏低时，感染杂菌的概率会大大降低。

　　接种时除掉菌种瓶口径处表皮老化的菌块，使用接种钩将菌种钩入袋内，一边钩一边稍微压实，使料袋内有足够多的菌种块。

每瓶750mL菌种通常可接种8～12个料袋。钩入菌种后，用灭好菌的可透气性报纸封口，再用橡皮圈扎袋（图5-7）。另，接种时若有料袋破损的情况，应及时用透明胶带粘好。

图5-7　灵芝接种料袋作业

5.发菌培养　接种完毕后将菌袋搬运至发菌室或发菌棚，发菌场所事先应保持通风换气，并清除掉室内外的杂物、垃圾。使用前1～2周，使用消毒灭菌剂、杀虫剂对场地彻底消毒灭菌。接种前一天发菌室或发菌棚用37%的甲醛溶液15mL混合5g高锰酸钾进行熏蒸；1kg/m³石灰铺在发菌场所的地面吸潮杀菌。

灵芝菌袋可分层摆放于培养架上，也可直接放置于地面。根据场地面积、菌袋大小，将菌袋放置成适宜层数，通常不高于10层。一般是从内到外放置菌袋，每排摆向垂直于入口，行间距50～80cm，方便查看菌丝生长情况。

接种后至菌丝萌发、定殖，约5d时间。发菌前1周，保温很重要，菌丝生长最适温度为25～28℃，高于28℃会有烧菌的危险。发菌场所环境中空气相对湿度为60%～70%，大于75%易造成杂菌污染。灵芝为好气型食用菌，在菌丝生长过程中需保持通气良好以提供氧气。若CO_2浓度过高，会抑制菌丝生长，因此要注意通风换气。7～10d后，发菌室每天中午通风1次，每次约1h，以后逐渐加大通风量；当菌丝断面长满并形成菌膜时，可微开袋口适当通气增氧。发菌期间无需光照，避光培养（图5-8）。

发菌期间应根据具体情况
采取相应措施，对菌袋培养环
境的温、光、水、气进行综合
调控。同时在发菌期间，每
10～15d翻堆1次，一方面检查
菌丝生长情况及是否有被污染
的菌袋，另一方面可使各菌袋

图5-8 灵芝菌袋发菌

菌丝生长情况均衡。发菌25d左右，即菌丝长至袋长4/5时，可轻
轻开口，露出约2cm口径菌皮面，为出芝培养做准备。代料栽培
灵芝菌袋培养30～35d即可满袋。发菌管理期间，需要经常检查
菌丝生长状况，一旦发现有污染的菌袋，立即筛出并处理，以免
污染其他菌袋。

6.整地建棚　灵芝菌丝满袋后即可进行出芝，代料栽培灵
芝通常直接码堆出芝，也可竖立覆土出芝。出芝场地需事先整地
建棚（图5-9）。根据菌袋规模选择相对平整的地块进行建棚，若
是覆土出芝需挖出高10cm左右、宽1.8m左右的畦，畦间走道约
50cm，畦长则根据地块大小而定，四周挖30cm深的排水沟。出芝
场地撒少量呋喃丹或灭蚁粉防虫、防菌。之后搭建荫棚，材料包
括竹竿或钢管、遮阳网、塑料薄膜等，棚高1.8～2.0m。荫棚以
"三分阳、七分阴"为宜，可遮阳、避雨、通气。有条件的可安装
简易微喷灌设施进行水分管理；同时安设防虫网、悬挂杀虫灯、
黄纸板等诱杀害虫。

图5-9 做畦建棚

7.出芝管理 将发好菌的灵芝菌袋及时摆放于出芝棚,有层架的出芝棚将菌袋摆放于层架上,无层架则直接摆放在出芝场地地面上,横卧重叠堆码,3~5层,行与行之间平行排列,并留50 cm过道方便管理时行走。摆放好菌袋后去掉封口纸或解开料袋口,使袋口松缓以利于原基形成(图5-10)。

图5-10 摆袋及出芝

灵芝不同生长时期对于温、光、水、气的需求存在差异。通常情况下菌袋开口后1周时间开始分化原基,此时保持出芝棚内温度在25~28℃;空气相对湿度为85%~90%;每隔2~3d通风换气,降低出芝棚内的CO_2浓度;需要散射光,强度为500~2 000 lx。原基形成后,根据每个菌袋原基数进行疏蕾,将长势良好的原基留下。10~20d芝蕾冒出,棚内温度控制在25~28℃,保持空气相对湿度为85%~90%,可减少通风换气频次;芝盖形成时期,温度可适当提高至28~32℃,加大喷水量,保持棚内空气相对湿度为85%~95%,增强光照达到2 000~3 000 lx;子实体成熟期,温度也控制在28~32℃,少喷水,加大通风换气。若通气不够,则子实体不分化菌盖,只长菌柄,易成为畸形灵芝。代料栽培的灵芝往往菌柄很短或无菌柄。

整个出芝管理阶段,温度、湿度偏高。温度低于20℃时,将减缓灵芝菌盖形成及长大;湿度偏低时,子实体生长停止,会出现僵蕾。提高空气相对湿度的主要途径为向场地喷洒水,子实体成熟前,可直接向子实体喷水;安装有微喷灌设施的出芝棚,基本采用雾状水，水分管理过程更加便捷。

8.采收　灵芝成熟时，褐色孢子堆积菌盖表面厚约1.5mm，菌盖仅加厚生长且边缘鲜黄色消失，子实体黄色全部转变成褐色，颜色均匀一致，此时可进行灵芝子实体采收。采收时，用剪刀齐袋口出柄端剪下，留下菌柄基脚，以利于下一潮灵芝长出。采收后，停水2～3d，使剪断处愈合；之后再喷水以提高湿度，进行下一潮灵芝生长管理。

（五）病虫害防控

灵芝代料栽培过程中，病虫害会影响其生长。主要的病害由绿霉、链孢霉、黄曲霉等导致，此类杂菌主要通过竞争性消耗料袋营养从而影响灵芝菌丝长势，减缓其生长甚至使其枯死，最终导致减产。对于病菌性危害，主要有以下方法进行预防和控制：首先，使用优质合格的灵芝菌种进行代料生产；其次，对培养料进行彻底灭菌，接种时严格进行无菌操作；最后，一旦发现有感染的菌袋，及时剔除、清理，保持整个生产环境的清洁。

虫害主要有野蛞蝓、尺蠖（造桥虫），以及其他蛾类等。野蛞蝓为害灵芝的幼嫩子实体，通常是啃食白色子实体（图5-11 左），导致子实体形成孔洞或缺口，使灵芝子实体残缺（图5-11 右，箭头所指处），严重影响灵芝质量，易造成畸形灵芝。野蛞蝓的大量发生会严重影响灵芝的产量和质量。可使用10%的食盐水对野蛞蝓进行治理：早上或傍晚时，将10%的食盐水喷洒在栽培场地地面，尽量避免喷施到灵芝子实体上。施用剂量根据害虫数量进行控制，该方法方便、高效、实用（谭伟等，2002）。尺蠖主要取食灵芝子实体，幼龄时常群居取食为害，后分散转移至邻近子实体，同时排出大量粪便污染幼嫩灵芝子实体，容易造成灵芝子实体病菌感染，严重影响子实体生长（图5-12）。对于尺蠖以防为主，如安装纱布防止成虫进入出芝棚；同时注意栽培场地环境卫生，随时清除周围杂草，尽量减少虫源。发生后，可人为捕捉，减少虫数；或使用生物农药苏云金杆菌（Bt）和诱虫灯加以治理。此外，可悬挂黄板灭杀蚊虫等。为确保灵芝产品安全，灵芝生长发育期间禁用任何化学农药。

图5-11　野蛞蝓啃食灵芝幼嫩子实体（左）后留下空洞（右，箭头所指处）

图5-12　尺蠖对灵芝的为害

二、段木栽培

（一）栽培设施

应选择海拔高度300～600m，通风向阳，土质疏松，排灌方便，近水源头，无其他同茬农作物生长，前两年没有栽培过灵芝，四面环山的地方搭建荫棚栽培灵芝。外部搭建高度2.5～3.0m的钢架连栋大棚或竹木荫棚（图5-13、图5-14），内部搭建拱形内棚避雨，棚顶用遮阳网等遮阳材料覆盖，棚架四周用遮光材料围严。荫棚要确保能遮强烈阳光又能通气、保温、无雨淋。棚顶可加装喷灌设施，夏季可通过棚顶喷水降温。

图5-13　钢架连栋大棚

图5-14　竹木荫棚

荫棚内每畦插上弧形钢架管或毛竹片，构成拱形架，架上盖塑料薄膜，将整个畦罩住，形成拱形棚（图5-15）。拱形棚分大拱棚和小拱棚两种，可根据田块和实际生产情况选择（表5-1）。

图5-15 拱形棚

表5-1 大拱棚与小拱棚的比较

类型	高 (m)	宽 (m)	畦数 (个)	优缺点	示例
大拱棚	2.0 ~ 2.5	4.5	2	管理方便，保湿效果和散热效果稍差	
小拱棚	0.8 ~ 1.1	2.1	1	管理较不方便，保湿效果和散热效果较好	

注：畦宽2.0 m，畦高25 cm，畦沟宽40 ~ 50 cm。

（二）栽培季节

一般在11月至翌年1月制段接种，2—3月菌段培养，4—5月排场，6月出芝，采收子实体的灵芝在8—9月采收；采收子实体及孢子粉的灵芝在7—8月套筒，10月采收（表5-2）。

表5-2　栽培季节的农事安排与操作要点

时间	农事安排	操作要点
11月至翌年1月	菌段制作	原木采伐后截成15～30cm长的段木，修整后装入筒袋中，常压灭菌，冷却后接种
2—3月	菌段培养	经过装袋、灭菌、接种后的段木在洁净、通风、控温、遮光的场所培养90～120d，适时通风
4—5月	排场管理	搭建大棚，棚架下做畦，选择晴天下地排放在畦上并覆土，每畦用毛竹片架上塑料薄膜，将整个畦罩住
6月	出芝管理	合理控制空气相对湿度、温度和光照，出芝后进行疏芝管理，每根段木保留1～2朵
7—9月	孢子粉收集	采用单个扎袋套筒或整畦盖布等方式进行孢子粉收集，套筒前7d停止喷水，注意通风
10月	采收与初加工	灵芝子实体采收：晴天剪下菌盖，除去残根，即采即烘孢子粉采收与加工：大部分灵芝停止弹射孢子后采收，摊晒或烘干

（三）栽培基质

段木灵芝栽培基质选用胸径为10～15cm、生长在土质肥沃、向阳山坡的大段木。选择除松、杉、樟、桉、木荷等含油脂、具芳香刺激性气味及有毒树种外的阔叶树，以壳斗科、杜英科、金缕梅科等树种为宜，如青冈、栎、槠、榉等（图5-16）。

原木采伐应选择在落叶至萌芽前进行，浙江省一般选择11月至翌年2月底。

青冈

栎

杂木

图5-16　栽培基质的选用

（四）栽培技术

段木栽培技术流程如图5-17所示。

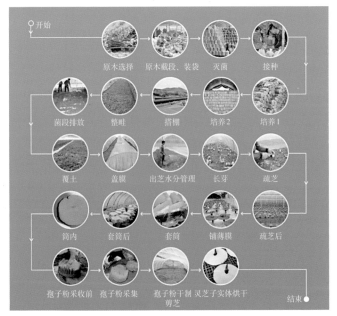

图5-17　段木栽培技术

1.菌段制作

（1）截段　原木采伐约20d后（含水量在38%～45%时），锯成长度为26～35cm的短段木（少数企业选用22cm规格），锯时要求断面平整，原木分枝处其枝条应切除（图5-18）。

图5-18　截段

(2) 装袋 把截好的段木剔去尖角和毛刺，装入34cm×64cm[(30 ～ 36) cm× (60 ～ 70) cm]，厚6 ～ 8丝①的聚乙烯筒袋中。每袋视段木粗细可装1 ～ 5根段木，重量8.5 ～ 10kg。装段木时要小心操作，防止袋子破损；袋子两端扎紧，准备灭菌接种(图5-19)。

图5-19 装袋

---

① 丝，非法定计量单位，1丝 = 0.01mm。——编者注

（3）灭菌　采用常压灭菌，菌段堆实，盖上保温袋，封闭后通入蒸汽，采用猛火攻头，袋内温度快速上升至98 ～ 100℃后连续保温16h以上。堆放时，要确保蒸汽畅通、温度均匀。一次灭菌菌段数量控制在4 000段以内。经灭菌后趁热从灭菌灶中搬出，发现袋子破损的立即用胶布封住（图5-20）。

图5-20　灭菌

（4）接种 接种前，接种室或接种棚用食用菌专用气雾消毒剂熏蒸消毒。当灭菌后的段木温度冷却至30℃以下时，按接种规范要求，在无菌条件下进行两头接种，菌种均匀铺满两头截面，扎紧袋口。接种时间在每年11月至翌年1月，接种温度不能超过25℃，气温高时，应选择早晚进行接种（图5-21）。

图5-21 接种

（5）培养　将接种后的菌段搬入培养室或大棚中，在15～28℃温度下叠层培养90～110d。培养期间适时通风，空气相对湿度宜控制在60%～80%。当菌段表面出现浅黄色菌皮、有小原基形成、菌段轻压有弹性、菌丝体紧密粘连时，即可排场（图5-22）。

图5-22　培养

2.排场管理

（1）做畦开沟　选择土质疏松的田块，做畦前将畦上泥土预先深翻打细，至少要翻土20cm深，用375～450kg/hm²生石灰浸田1～2d。做畦时，畦长按地形定，去除杂草、碎石。畦宽2.0m，畦高25cm，畦沟宽40～50cm。畦面四周开好排水沟，沟深30cm左右（图5-23）。

（2）排场覆土　4—5月，选择晴天下地排放。菌段通风5～10d后再脱去菌袋，排放在畦上，根据畦宽每畦卧倒横排5～6段，菌段间距5～10cm，行距20～25cm，在菌段间填满泥土，并覆盖菌段不外露，覆土厚度1～2cm。覆土后应对畦面喷1次重水，使土壤湿润并与菌段接触紧密，喷水后菌段表面泥土被水冲刷而外露的应及时补上覆土（图5-24）。

图5-23 做畦

覆土前

覆土

图5-24 排场覆土

3.出芝管理　灵芝子实体生长发育可分为瘤状原基、柄状原基、菌盖形成、孢子弹射4个阶段，每个阶段对环境要求有所不同。

（1）水分管理　水分要结合灵芝基地的土质、空气相对湿度、气温变化、出芝的长势情况综合平衡管理。出芝前应保持土壤干而不燥、湿而不黏。晴天每天喷粗水1次，阴天隔日喷细水1次。在灵芝原基开始分化为瘤状原基时，栽培场空气相对湿度应达80%～90%，覆土层应保持既疏松又湿润。在土质较松、子实体原基出现较多时，应勤喷水，增加空气相对湿度。当灵芝原基由瘤状原基向柄状原基生长时，应逐渐加大空气相对湿度，以90%为宜，不可超过95%。在采收灵芝子实体或孢子粉套筒前7d停止喷水（图5-25）。

图5-25　水分管理

（2）温度管理　温度的调节是用棚顶遮阳、喷水、掀盖膜等方法控制出芝场所温度，灵芝生长适宜温度为20～30℃（图5-26）。

（3）通气管理　在灵芝原基未形成时，可用通风来调节棚内的温度湿度。在瘤状原基出现时，应掀开拱棚两端薄膜增加通风量；若通气不足，二氧化碳含量超过0.1%，将使芝柄偏长。当原基大量出现时，应适当减少通气，使柄状原基长至5～7cm，随后

图5-26　棚顶喷水降温

再加大通风量，促进菌盖形成。若在菌盖分化阶段通气不足，将造成子实体畸形分枝，甚至不开伞。菌盖形成后，应卷起拱棚两侧薄膜或掀掉薄膜，加大通风量（图5-27）。

图5-27　通气管理

（4）光照管理　散射光对子实体生长有促进作用，而强光则对子实体生长有抑制作用。光线不足会使子实体分叉形成鹿角状。可通过遮阳网调节棚内光照，根据气温和日照情况，在盛夏高强日照下增加遮阳比例，使棚内光照度维持"七分阴、三分阳"，并保持光照均匀，防止灵芝因向光偏向生长（图5-28）。

图5-28　光照管理

（5）疏芝管理　同一灵芝菌段形成的过多原基，用锋利小刀进行疏芝，每段保留1～2朵灵芝。疏芝原则是去弱留强、去密留疏（图5-29）。

疏芝

瘤状原基　　　　　　　　　　　　柄状原基

菌柄伸长　　　　　　　　　　　　菌盖分化

菌盖形成

图5-29　疏芝管理

4.采收与干制

（1）孢子粉采收与干制　灵芝子实体菌盖白色边缘开始转变为棕褐色，白色生长圈消失，子实体菌盖停止生长，此时最后1

次喷水将菌盖清理干净，晾晒 1 ～ 2d，待菌盖表面有少量孢子弹射时，开始采集孢子粉。浙江多采用扎袋套筒法收集灵芝孢子粉；云南采用套筒法收集孢子粉；安徽、四川、陕西、广西、贵州、江西、福建等省份的段木灵芝栽培中，多采用整畦无纺布收集孢子粉，少数基地采用单个无纺布袋收集孢子粉。

　①扎袋套筒法收集。围绕灵芝菌柄基部扎紧塑料薄膜，以灵芝菌盖为中心距离菌盖边缘5cm处围绕一圆形纸筒，并将塑料薄膜紧贴在纸筒外距离底部1/4处，纸筒上用白色的薄纸层封闭，以免孢子粉弹射流失或杂质混进筒内。灵芝扎袋套筒后，分畦罩上塑料薄膜拱棚（图5-30）。

扎袋套筒法收集孢子粉

铺地膜

扎袋收粉 10d

生长圈消失后的灵芝

套筒完成

套筒授粉的灵芝

扎袋收粉40d

图5-30　扎袋套筒法收集孢子粉

②套筒法收集。围绕每个灵芝子实体菌柄基部铺垫一张塑料薄膜，再以灵芝菌盖为中心距离菌盖边缘5cm处围绕一圆形纸筒，纸筒上用白色的薄纸层封闭。灵芝扎袋套筒后，分畦罩上塑料薄膜拱棚（图5-31）。

图5-31　套筒法收集孢子粉

③整畦无纺布收集。将芝盖下面的泥土抹平、压实。盖上尼龙薄膜，出芝处剪小口，将灵芝与地面泥沙隔离，防止芝盖底部接触地面。在畦床上搭设架子，用黑色无纺布罩住整个畦床；再罩上塑料薄膜拱棚（图5-32）。

图5-32　整畦无纺布收集孢子粉

④单个无纺布袋收集。将白色无纺布袋罩住整个灵芝，并在灵芝菌柄基部扎紧（图5-33）。孢子在25℃时，喷射最为旺盛；低于20℃或高于31℃时，停止喷射。要采用遮阳、通风等措施，将温度控制在25℃左右。空气相对湿度控制在75%～90%。菌盖底部颜色转暗，变成深褐色，进入后熟期，菌管孔收缩，喷粉活动停止，

图5-33　单个无纺布袋收集孢子粉

采粉时机选在停止散粉前3～5d。自然条件下，一般孢子粉喷射期为70～80d，为保证孢子粉新鲜、不被氧化，建议分两次或多次采收。

采收孢子粉应选择晴天，采用扎袋套筒法收集的，将薄纸和纸筒取下，用干净的采收刷将纸筒内侧壁上附着的孢子粉扫进干净的器皿内，在不含沙的灵芝柄上截处剪断，把积在菌盖和塑料袋内的孢子粉扫进干净器皿内。全程小心操作，避免杂质混入孢子粉内。采用无纺布袋法收集的，将灵芝柄剪断，把无纺布袋里的孢子粉全部收集到干净器皿内。采用整畦无纺布收集的，可以采用吸尘器采集，或者用干净的采收刷收集。

孢子粉采收当天，将孢子粉摊晒在不锈钢等安全干净的材料上，再在阳光棚内晒干或用专用烘干机将孢子粉烘干。控制热源，使烘干温度在50～65℃，并控制好进出风量。孢子粉水分控制在8%以下，用手掐粉，能从指间喷射，手指摩擦孢子粉"嚓嚓"作响时，再进行包装。干燥孢子粉用300目筛网过筛后装袋保存，储存时要干燥、避光（图5-34）。

图5-34　灵芝孢子粉干制

（2）灵芝子实体采收与干制

①子实体采收。灵芝子实体成熟时（图5-35），菌盖边缘白色生长圈完全消失，菌盖表面色泽一致（褐色），菌盖边缘有增厚纹，边缘停止生长后10～20d可采收。采收时，在距离菌盖1.5～2cm处用干净修剪刀剪下子实体，去除菌柄上其他残留物。

图5-35　成熟的灵芝

②子实体干制。在采收当天，使用热风循环烘干机将子实体烘干，控制热源，使烘干温度在40～55℃，并控制好进出风量，风量要求先大后小。

5.采收后管理　灵芝或灵芝孢子粉采收一潮后，应及时清理栽培场地，做好越冬管理转向下一个生产周期。采收两潮后，整个生产结束，应及时、合理处置生产后的废菌段。

（五）病虫害防控

坚持"预防为主、综合防治"的原则。优先采用农业防治、物理防治、生物防治。

1.农业防治　保持环境清洁，按照本标准规定进行生产，注意观察，及时发现杂菌、虫害迹象，采取措施，把杂菌、虫害控制在初始阶段。

2.**物理防治** 出芝场地安装防虫网、纱门等隔离措施，防止外部杂菌、虫源的进入，并吊挂粘虫板、杀虫灯诱杀。

3.**生物防治** 使用生物农药、天敌等防治杂菌及害虫。

4.**常见杂菌和害虫的防治方法** 具体防治方法见表5-3。

表5-3　灵芝常见杂菌和虫害的防治方法

常见杂菌和虫害	危害症状/为害状	防治措施
木霉	在灵芝菌丝生长阶段，培养基或段木被木霉污染后，表面显现深绿色或蓝绿色，抑制灵芝菌丝生长；在灵芝子实体生长阶段感染木霉，灵芝子实体生长停止，变绿发霉；若不及时处理，则灵芝培养失败，减产减收	①保持栽培环境的清洁卫生 ②子实体生长阶段，对芝棚应做好遮光、保湿及通风工作，防止灵芝原基长出后受阳光直接暴晒而被灼伤，防止芝田积水或覆土含水量过高；子实体成熟后及时采摘 ③加强早期防治。如子实体感染绿色木霉，应及时摘除，以防蔓延
镰孢霉	在菌丝培养阶段侵染灵芝段木，菌段受镰孢霉污染后，镰孢霉先在段木表面长出疏松的网状菌丝，并生长迅速，后产生分生孢子堆，呈团状或球状，稍受震动，便散发到空气中到处传播	保持栽培环境的清洁卫生。在菌袋的生产培养过程中不损伤塑料袋；对已在袋子破口形成橘红色块状分生孢子团的，应用湿布或浸有柴油的纸包好后小心移出，深埋或烧毁，防止孢子的扩散。其他措施参照木霉的防治措施
黄曲霉	黄曲霉感染初时略带黄色，随着菌丝蔓延，菌落变为黄绿色，产生大量分生孢子，形成二次污染，造成灵芝菌丝生长缓慢或无法生长	①保持栽培环境的清洁卫生 ②培养料彻底灭菌，掌握好灭菌时间，确保培养料温度达到100℃时连续保温16h以上 ③控制温度，加强通风，创造灵芝菌丝培养良好条件。其他措施参照木霉的防治措施
黏菌	常在灵芝栽培的出芝阶段污染，初期在灵芝覆土层表面出现黏糊的网状菌丝，其菌丝会变形运动，发展迅速，在1～2d内蔓延成片。侵染灵芝的主要有网状黏菌和发网状黏菌，其菌丝分别为黄白色和灰黑色。在被黏菌侵染的覆土灵芝地块，灵芝不仅停止生长，且芝体受害出现病斑、腐烂，严重影响灵芝的产量和质量	除覆土栽培前对畦床泥土进行有效的消毒外，平时要注意加强芝棚的通风、排湿，降低地下水位，防止栽培场长期处于阴湿状态，对发生黏菌危害的地块用生石灰粉等撒布覆盖，抑制其扩散生长，并挖除发病部位的泥土和菌段

（续）

常见杂菌和虫害	危害症状/为害状	防治措施
灵芝膜喙扁蝽	在浙江1年发生2代，以成虫在土下的灵芝段木周围及底部越冬，也能在灵芝棚内紧贴土面的木片、竹片下越冬，成若虫均刺吸灵芝菌丝和原基的汁液，造成灵芝的产量、质量明显下降	①合理轮作 ②适时提前排放新段木 ③诱集越冬成虫，集中消灭
灵芝谷蛾	在灵芝原基形成到芝盖生长期为害灵芝子实体，越冬幼虫一般在5月中下旬化蛹羽化，幼虫从子实体的幼嫩部位蛀食进入，使菌盖出现许多蛀食孔道，并排出成串的颗粒状粪便。气候潮湿时，幼虫排出物粘连引起灵芝子实体腐烂，成熟幼虫在蛀孔内作茧化蛹，羽化后蛹壳被成虫带出虫道口。丽水1年发生2～3代，以幼虫作茧越冬	①大棚两端棚门需开启处加1层防虫网，用物理方法防止成虫飞入产卵 ②芝芽发生生长期、芝盖扩展期，是虫害发生期，应密切关注，一见有虫粪排出点，用细铁丝钩出幼虫杀灭，或切除虫害芝块，用水泡法集中杀灭 ③越冬期清理畦面杂物，有虫害的灵芝体、芝脚要彻底清理销毁
黑翅土白蚁	主要蛀食灵芝段木，在靠近地面的一端筑泥路挖洞，钻入段木皮层下蛀食做巢，以段木及菌丝体作食料，不仅损坏段木树皮还能蛀食木质内部。蛀出多个不规则的孔洞，孔洞四周附着泥土，被害的灵芝产量受到较大影响，菌段常被蛀食一空，减产减收	①选好场地，避开蚁源：土栖性白蚁多潜居在野外山岗腐殖质较多的林地或杂草丛中。因此，栽培场应选向南或向东南、西南日照充足的缓坡地，场内及其周围的腐烂树桩和杂草均应清除干净 ②挖深沟防蚁：建棚时应在棚的四周挖一条深50cm、宽40cm的环形坑，灌水淹死或驱出白蚁 ③在场地外围挖长宽深各30cm的小坑，埋入松木等，再压上泥土，2周后检查，若发现有白蚁，用杀白蚁的专用药物进行诱杀

资料来源：何伯伟，李明焱，等，2016.段木灵芝全程标准化操作手册[M].杭州：浙江科学技术出版社.

三、林下栽培

（一）林下食药用菌概述

林下食药用菌栽培技术是在适宜的林地，利用林木良好的遮蔽性、一定的阳光散射、极佳的通风条件，再配合适宜的温度、湿度及选择适宜的食用菌，通过适当的方法栽培出食药用菌。

林下栽培技术在大力发展绿色经济的背景下，能够充分发挥林地的价值，为林下经济提供有力支撑。同时，两者又可以互惠互利，栽培食用菌的过程中产生的菌渣，可以为树木生长提供天然肥料，而林地为食用菌提供了良好的生长环境，林地中有充足的氧气和适宜的温度、湿度，且林地可以遮蔽烈日，又有良好的通风条件。同时砍伐更新树木产生的碎屑枝丫可以用来栽培食用菌，减少环境污染。除此之外，林下食用菌栽培，可以有效降低成本，无需投入过多精力进行管理，这一方式无论是从生态还是经济的角度，都值得大力推广。林下食用菌当前还处于试验研究并不断发展的扩大阶段，林下栽培的食用菌种类较多，由于受各种食用菌栽培农艺性状的影响，在我国南方地区比较适宜林下栽培的种类有：竹荪、大球盖菇、灵芝、长根菇、鸡腿菇等。林下食用菌栽培依托我国食用菌栽培技术的进步而发展，林下灵芝栽培是林下食用菌栽培的一个重要组成部分。

我国灵芝从野生采集到人工规模化栽培，其发展经过了30多年，栽培面积和产量快速增长，其中段木栽培方式在南方占主导地位，段木灵芝栽培大部分利用大田，搭建大棚并以熟料菌棒覆土方式出芝，该栽培方式产量较高。但灵芝也与许多农作物一样存在连作障碍问题，即某块土地栽培灵芝后，该区块周围一定范围内再次栽培灵芝会引起灵芝生长不适、产量急剧下降，甚至绝收。引起连作障碍的因素很多，包括土壤生物化学因子的改变、土壤微生物种群结构的变化、有益菌类的锐减、污染有害菌类的累积、灵芝菌丝与残留分泌物的自毒作用，以及某些致病菌的增殖。土壤中某些致病菌增多，是一个非常重要的连作障碍因素（史静龙，2006），而灵芝实际生产和文献报道中还未发现针对灵芝连作障碍有效而较经济的解决方法。

利用灵芝在林下栽培：一是可以大量拓展灵芝栽培空间。我国森林覆盖率22.96%，林下空间资源丰富，利用林下栽培可以减少灵芝栽培对农田的依赖，还耕于农，从而一定程度上可规避大田栽培的连作障碍问题。二是林下栽培灵芝可利用优良的温度湿度资源、良好的空气资源及洁净的水资源进行仿野生自然栽培，这种方式病虫害发生少，可提高灵芝产品品质和栽培效益。三是林下灵芝栽培后的废弃物可以明显增加林地的有机质含量，提高林地土壤肥力，增加土层有机质含量，改善土壤结构，促进林木生长。四是发展林下经济正是我国当前振兴乡村经济的重要抓手，符合当前农村生态经济发展的方向。

（二）林下灵芝栽培林地选择

灵芝林下栽培的林地选择非常关键，事关灵芝栽培的产量、质量以及经济效益。林下栽培的林地应根据当地气候和资源而灵活选择，如浙江地区一般选择海拔300 ~ 600m的林地，其他基本要求：一是交通便利，最好有机动车道通达到附近，以利于降低灵芝栽培原材料以及菌棒的运输成本；二是要有水源，能够为灵芝栽培场提供良好水质的水源，可以提高四周的空气相对湿度，必要时可以进行喷水降温增湿，方便管理；三是土壤条件，要求土质不能板结、较疏松透气、土层较厚且有一定肥力的弱酸性土壤，土壤pH为5 ~ 6较好。四是灵芝栽培及孢子粉收集等工作有季节性劳务需求，要求基地周边能提供一定的劳动力支持。

林下栽培对林木种类的要求不高，只要满足林下有一定的栽培操作空间，可以是针叶林、阔叶林或针阔混交林下，也可以是松、杉的用材林下。一般人工林种植规整，林下空间也方正，更好操作利用。也可以在经营强度不大的果园、经济林下栽培，如苹果、核桃、板栗、锥栗林等，南方可以在分布广泛的毛竹林下，还有交通便利的生态公益林下都可以栽培。同时，还可以在旅游和农家乐景区周边点缀性栽培灵芝，作为景观丰富景区的观赏属性。

根据当地气候情况选择不同海拔的林地，根据灵芝发生生长喜高温（25～30℃）、高湿环境的要求，各地可以依情况选择林地：一般北方地区以低海拔地区为主，南方地区以中海拔地区为主；南方地区以东南坡向、东北坡向为好，可以避开下午西晒高温影响；为便于种植操作，林地坡度不宜过大，应在25°以下，中下坡为主，因坡顶在夏季保湿比较困难；如原来有水平带的林地更好，林内郁闭度应在0.5以上，无大块的林窗，当然也可以用遮阳网对林窗进行适当遮盖。

有了林木的遮阳，林下环境变得柔和，既降温又增湿，林下灵芝的栽培设施就简单了。但林内栽培模式不同，其栽培设施也不同。林下灵芝栽培需要满足灵芝对水、气、温度、光照的要求，特别是以收获灵芝孢子粉为主要目的时，还需要通过搭建塑料薄膜、遮阳网来调节生长环境，为灵芝生长以及孢子粉产生创造更好的环境条件。

林下灵芝栽培除了林木空间环境外，对土壤和水的安全性也要监控，确保远离化工污染源，对土壤和水的有害重金属含量进行检测，预防重金属富集对灵芝造成危害。

根据栽培用菌棒的不同，林下灵芝栽培可以分为代料栽培和段木栽培。代料栽培可分为仿野生散栽培和叠墙式栽培，而段木在林下栽培可以采用林内分散小拱棚、林下畦床中高棚、林下畦床小拱棚等方式。

林下栽培的辅助材料有塑料薄膜、遮阳网、竹条、水泵、喷灌水管和喷头等。利用竹条按需要架设弓形拱棚，上覆薄膜或遮阳网，再在棚内上方架设喷水管，具体在栽培技术一节详细介绍。

（三）栽培品种与基质原料

灵芝主要通过菌丝对基质的木质纤维素等物质的分解来获取养分和能量，为子实体的形成和发育积累营养，经子实体的生长成熟来完成整个生活史。野生灵芝主要生长在枯死的木头或树皮上，直接分解树木获得营养，故灵芝栽培的营养来源于栽培基质，只要是富含木质纤维素的有机质都可以作为灵芝栽培的原料。农业科技工作者试验证明多种农林副产物都可以作为灵芝栽培的原料，如：阔叶树枝条、木屑、棉籽壳、玉米芯、作物秸秆、麸皮、米糠等。但原料选择时要考虑实际栽培效果和栽培效益，以及原料来源数量和成本等问题，目前生产上应用的基本为代料栽培和段木栽培两种方式，以段木栽培为主。

1. 代料栽培品种与基质原料　灵芝林下代料栽培是相对于直接用原木的段木栽培而言的，使用的是以杂木屑以及富含植物木质纤维素的农林产品下脚料为原料，通过一定比例配制而成的培养基。灵芝栽培品种根据栽培目标确定，常规栽培以赤芝为主，又分为有粉赤芝品种和少粉赤芝品种。也有些地方以观赏为目的，可以选择紫芝、黑芝、树舌灵芝等栽培种类。

灵芝林下代料栽培常用原料为杂木屑、麸皮、玉米粉、棉籽壳、农作物秸秆等，再添加1%的石膏粉。常见的灵芝代料栽培配方如下。

①杂木屑78%，麸皮20%，蔗糖1%，石膏粉1%。

②玉米芯30%，杂木屑51%，麸皮15%，玉米粉3%，石膏粉1%。

③秸秆粉35%，杂木屑50%，米糠8%，玉米粉6%，石膏粉1%。

④棉籽壳60%，杂木屑24%，麸皮15%，石膏粉1%。

其中配方①也是灵芝生产中用于菌种制作时常用的培养基配方。

各配方按比例配制，加水混合成含水量为55%左右的培养料，装入专用塑料袋，经灭菌、接种、培养后制成灵芝菌棒用于灵芝栽培。

2.段木栽培品种与原料选择 林下灵芝段木栽培可选择适合产粉的灵芝品种，也有以产灵芝子实体为主的少粉灵芝品种，以及用于观赏的专用灵芝品种等。各地灵芝栽培都有当地的特色主栽品种，选择经过栽培验证的灵芝品种，或从当地信誉度好的科研生产单位购买使用，若是选择新引进的品种要先进行品种试验，明确其对当地气候环境条件的适应性，再投入常规性生产栽培。尽量选择丰产性较好与抗污染、抗杂菌能力较强的优质菌种，进而确保灵芝的优质与高产。

目前农户灵芝栽培多以收获灵芝孢子粉为主要栽培目标（整体经济收益较高），所以选择产孢量多的品种，如沪农1号、龙芝1号等。北方还可选择松杉灵芝栽培品种。

灵芝段木栽培的原料是阔叶树的原木，常用壳斗科的麻栎、青冈等树种，还可以用各地常见的枫香、杨树等树种，但樟科等有芳香味的树种不能用。原料选择直径为8～20cm的树干或枝条为好，对树木总的要求是树皮较厚、形成层发达、不易与木质部剥离、树质坚硬；含单宁酸丰富的树种，出芝期长，且产量高。采伐期一般选择在树木贮存营养较丰富的冬季和早春为好。

林下灵芝段木栽培，分为生料段木栽培和熟料段木栽培。林下灵芝生料段木栽培，是木段不经过蒸煮灭菌，直接打孔接种灵芝菌种，培养灵芝段木而进行栽培出芝。熟料段木栽培与常规段木菌棒制作相同，是将木头截成短木段装入专用袋后灭菌，接种培养成菌棒再进行栽培的方式。

（四）栽培季节

灵芝属高温型、恒温生长型菌类，菌丝生长范围较广，达10～35℃，而灵芝子实体生长温度范围为15～32℃，适宜温度为20～28℃，要求变温幅度小，同时灵芝子实体生长期对环境相对湿度要求高，高湿有利于灵芝子实体的生长。根据灵芝的生长特性，以及我国南方的气候情况，灵芝的林下栽培与常规栽培的季节安排基本相同。常规栽培一般在5月初下地出芝栽培，但各地气温有所差异。导致各地气温差别的原因在于栽培地的海拔高度和区域小气候，低海拔地区下地栽培时间早些；高海拔地区由于春夏季气温回升慢，且温差较大，所以下地栽培时间推迟。从灵芝菌棒覆土时间倒推其他工作的开展时间，从下地时间往前推3～5个月制作段木菌棒，往前推2～3个月制作代料菌棒，再从制棒期往前推1.5～2个月制作灵芝生产种。在开展林下灵芝栽培的菌棒制作前还要考虑的因素：一是栽培规模大小，越是规模大，就越需要提早谋划，如菌种制作培养、菌棒培养、场地的整理、覆土栽培等；二是培养配套环境条件，如菌棒培养场地距栽培场的距离，以及周边交通条件、林地经营情况等。菌棒培养成熟度高的下地栽培效果较好，所以制棒等栽培操作早进行比晚进行效果好；三是根据当地的小气候条件，及时进行适当调整。

（五）栽培模式

1.代料栽培模式　林下代料灵芝栽培所需的菌棒与常规栽培相同，代料菌棒的规格每个地方各有不同，有用直径15cm的筒袋，有用直径18cm的筒袋。菌棒经过装袋、灭菌、接种、培养制成直径10～12cm、长30～40cm的菌棒，培养成熟后，当菌棒表面菌丝由白色渐渐转黄色，有少量芝芽发生时，就可以运到林下进行栽培了。

（1）**仿野生栽培**　该方式是以收获灵芝子实体为主的栽培方式，与灵芝野生生长类似，管理简单，也可以在景区需要的地点覆土栽培，营造野生灵芝的观赏场景。

①林地整理。在土壤潮湿，空气相对湿度大的林下，如水沟边，水库区的林下，要求栽培区土壤保水性较好，清理栽培区块的地面杂草、腐烂的枯枝和树叶，撒一层石灰粉驱虫并杀菌，翻松表层泥土，打碎泥块备用。也可以把栽培地整成畦状，长度、宽度视地形而定，按栽培和地形灵活性设置栽培地。

②覆土栽培。在栽培地点挖一栽培穴，穴深与菌棒直径大小相当，用锋利刀片划破菌棒外袋，小心脱去菌棒外袋，尽量不使菌棒断裂，整棒水平横卧于穴中，上覆泥土（厚度离菌棒上沿约2cm）。畦床栽培的菌棒间距5～10cm，逐棒依次覆土。也可以把2～3棒脱袋后紧靠叠放为1个单位，这样菌棒营养可集中供应，灵芝生长得更厚更大，各栽培单位间距10cm。

③日常管理。作为仿野生栽培法，日常管理主要是水分管理，如果连续晴天，覆土变干变白，要适当对土壤喷水增湿，通过土壤增湿提高灵芝生长环境的空气相对湿度，灵芝芽形成生长时，适当疏芝，以每一菌棒生长1～2个灵芝为好，相邻过近的芝芽去弱留强，直接扳去弱小芝芽。以收获灵芝子实体为主的，只要在灵芝生长期做好保护，在灵芝展片、黄边消失、芝盖硬化后就可以采收；利用修枝剪，根据需要在芝柄的基部或芝柄中上部剪下子实体，及时干燥处理。代料栽培灵芝一般只出芝1次，灵芝生长后的废菌棒自然还林，可提高林地肥力。

（2）叠墙式栽培

①林地整理。选择北方或南方高海拔地区，或小气候相对较凉的地区比较适宜。需要选择地形平整、相对方正的地块，清理地表杂物、杂草等，之后在四周开排水沟，经过消杀处理后，对地表下5cm深土层进行松土、整平。

②叠墙式栽培。一般用长25cm度培养好的菌棒，一端开口，在菌棒中部环割塑料袋，除去一半的塑料袋，然后菌棒整齐卧倒排放1层，脱袋的一端相互依靠，长度视场地分割，在第一层上覆1层细土，并填满菌棒间隙，再排放第二层，开口端与第一层相反，依次排放，可叠放6～7层，在最上层和菌墙侧面用泥浆糊封闭，上面用泥浆做成凹形水槽，用于加水保湿。菌墙间留有走道，菌墙外架设弓形塑料棚，可以是一墙一棚，也可以2～3条菌墙架一棚。

③日常管理。主要是保湿，保持菌墙泥土含水量，从而使环境相对湿度在80%以上，让泥土保持潮湿状态，方法是对上层泥土洒水，让水分下渗，但不能一次性加水过多，应以少量多次

为好。芝芽形成后，在保证湿度的同时，加强拱棚内通风，两头以掀开或半掀拱棚的方式促进灵芝开片生长，灵芝生长到黄边消失、菌盖硬化时就可以采收灵芝。灵芝代料栽培一般只采收1次灵芝，其残留的废菌棒可敲碎后覆于林内土下作为林地的有机肥使用。

2.段木栽培模式

（1）**生料栽培**　林下生料仿野生栽培一般选择在秋冬季节，秋冬季节雨水少利于菌丝在木料中定殖生长。在林地内选择半腐朽伐根或倒木，处理原料周边的枯枝烂叶，对伐根或倒木离地面2cm处进行打孔，钻头直径18 mm，孔深 3～5 cm，间距 8～10 cm，接入菌龄适宜（发满后半个月以内）的灵芝菌种，菌种要压实，表面用树皮或石灰浆封口，平时只要对该场地适当遮阳，旱季对地表增湿即可。生料仿野生栽培第一年为菌丝生长阶段，根据伐根或倒木的腐朽程度，决定出芝时间。当菌丝体长满伐根或倒木即可出芝，第二年可少量出芝，第三年出芝较多。

（2）**熟料段木栽培**　与常规段木栽培相同，栽培灵芝的好树种选自壳斗科、桦木科等。一般段木以选择皮厚、不易脱离、材质较硬、心材少、髓射线发达、导管丰富、树径以 8～13cm 为宜，于落叶初期砍伐，不超过惊蛰，砍伐后抽水 10～12d，随之截段。用于横埋栽培方式的段木长度约为 30cm，竖埋的段木长度约为 15cm，含水量为 35%～42%。把杂木原料截成短段，装入筒袋中，经高温灭菌后，接种灵芝菌种，在室内或大棚中保温培养，菌丝长满杂木后再培养 1～2 个月，菌棒达到生理成熟后进行覆土栽培。段木菌棒常用规格长度 20～25cm，直径约20cm，每棒重约10kg。林下段木灵芝栽培主要介绍小棚栽培模式、散棚栽培模式和中棚栽培模式。

（3）**林下段木栽培模式介绍**

①小棚栽培模式。

一是林地整理。小棚栽培模式是最常用的林下灵芝栽培模式，可以在各种林下并根据林下空间大小灵活安排，对林下空间地表清理，除去树叶、杂草、石块等杂物，散上石灰粉驱虫并对土壤消毒，用量在750kg/hm²。翻松泥土作阳畦，畦宽在0.8～2m，畦高20cm左右，长度视场地而定，可长可短，可直可弯，边上挖出畦沟做排水和操作道。

二是覆土栽培。把培养好的段木菌棒运到畦边单层排放，适应2～3d后开始脱袋覆土操作，在畦上开纵向或横向种植沟，深20cm左右，宽与灵芝菌棒相当，脱袋后的菌棒依次卧放排入种植沟中，菌棒间距5～10cm，行距10～20cm，使菌棒上表面基本持平，再回填泥土，菌棒稍露出表面2～5cm，菌棒间空隙用泥土填实。最好浇1次大水，让菌棒与泥土填实有利于保湿。在畦面上用小竹条架一小拱棚，高度在1m左右，上覆农膜，四周可以用泥土压住固定，防止被风刮走。小棚长度不超过15m。

三是日常管理。一般在4—5月覆土后，前期盖好薄膜保湿增温，促芝芽生长；中期加强通风和保湿，促灵芝展盖，打开拱棚薄膜两端，中间薄膜半开通风，其间根据灵芝芝芽生长数量和位置进行疏芝和整芝，每一菌棒生长1～2个灵芝。如畦上泥土干燥明显发白的，要对畦床浇水增湿。当灵芝长大开始喷撒孢子粉时，及时套袋收集孢子粉。套袋后，拱棚薄膜四周离地5～10cm扎在拱条上固定，这样为灵芝营造一个通风避雨的产孢子粉环境。

四是采收与越冬管理。灵芝套袋收粉45d左右，就可以采收灵芝与孢子粉了，打开套筒后用洁净的毛刷刷取套内和灵芝体上的孢子粉，把灵芝边芝柄剪下，分别干燥后存放。采收后清理畦面，喷水增湿，做好防雨保湿工作，越冬后第二年气温回升，会长出第二批灵芝。

②散棚栽培模式。

一是林地整理。该模式针对各种林地，是可以灵活设点栽培（点式栽培）的一种方式，特别适合林下植被茂密的地方。该模式一般在天然林或南方人工林中使用较多，选择0.5以上郁闭度的林下，四周环境湿润、土层较厚的地块，一般以红壤、黄壤等保水性较好的土质为佳，有肥力更好，选地块稍高的位置作栽培点，避免夏季大雨形成的径流冲刷。只要在选定的栽培点进行整理，清除四周的杂草、枯叶等杂物，露出表层土，撒一层石灰对土壤进行消毒和驱虫处理，每一个点整理面积 $1m^2$ 左右。

二是覆土栽培。培养好的灵芝菌棒，搬到种植点，在种植点中心位置挖 1 个栽培穴，大小与菌棒相当，菌棒脱去外袋后，直接放入穴中，四周覆上泥土压实，菌棒顶部露出地面 2cm 左右。再在菌棒上搭 1 个伞状小拱棚，使用 2 根竹条，长 1.5～2m，两端插入泥土中固定，呈"十"字交叉，架设在菌棒上部，其上覆盖 1 张正方形的塑料薄膜，薄膜四角用线绳捆扎在竹条底部固定，适当留空隙用于空气流通，这样既可挡雨保湿、又能通风，利于灵芝生长。

二是管理技术。除草巡护，对生长在灵芝周边的杂草及时清除，以防与灵芝粘连，也减少灵芝虫害发生。在栽培地设置一定的防护标志，防止和驱赶野生动物对野外生长的灵芝进行破坏。在灵芝生长期间，对每个菌棒上的灵芝疏芝，一般 1 个段木菌棒留 1 个灵芝，去小留大，去弱留强。当灵芝长大直至黄边消失时，可以用套筒进行灵芝孢子粉收集，套袋后，多巡察以防伞状拱棚被破坏，使套筒受到雨水侵害，其他过程与常规孢子粉收集相同。

四是采收越冬管理。根据当地气候，灵芝套袋经 1～2 个月的时间集粉，套内孢子粉大量堆积，选择晴天采收灵芝及孢子粉，收获后地下段木菌棒用泥土覆盖 3～5cm，等翌年气温回升还能再长 1 次灵芝。

③中棚栽培模式。

一是林地选择与整理。南方竹林面积分布广，而当前毛竹林经营效益低，基本处于失管状态，将其用于林下灵芝栽培是一种竹林利用模式。选择山势平坦（毛竹林坡度在 20° 以下），未施过除草剂及化肥的竹林，海拔在 300～600m 的最合适，挑选土壤肥沃、土层较厚、通气性好的地块，坡向以朝东南方向或朝东北方向为好。

二是林地平整。竹林基地中间留有上下山的路，采用 60 型号的小型挖机进行两边平整，每隔 4～5m 挖 1 条 3.5m 宽的水平带，长度因地制宜。毛竹砍下后，用挖机把表面的柴草及竹根等全部

清理干净，开挖深土50～60cm备用。

三是架灵芝中棚。用砍下的毛竹在畦上架拱棚，棚高1.8～2m，宽度3m，长度20～30m。拱棚搭建材料主要是毛竹条、铁丝、薄膜、遮阳网（遮阳率70%～80%），棚内架设有喷灌设施。

四是覆土栽培。在正常情况下，菌木经适温培养120～150d，菌木外表菌丝洁白而粗壮，菌木之间紧密连接不易掰开，木质部呈浅黄色，表皮指压有弹性，具松软感，菌木断面形成部分红棕色的菌膜，少数菌木表面已呈现白色豆粒状芝蕾时，表示灵芝营养生理已达成熟，可安排菌棒于野外竹林间埋土。

根据灵芝对温度、湿度的要求，菌木埋土应选择气温稳定在15℃以上的晴天、阴天进行，切忌雨天、雪天操作。气温低于10℃时，不宜操作，以免影响正常出芝。一般在4月中下旬至6月春笋收挖结束后进行覆土。事先在整好的条畦中挖深18～20cm的凹槽，小心地用利刀割破塑料袋取出菌木，按菌木大小、菌丝长势优劣及品种不同，分别置于槽内呈直线形或梅花状排列，行距8～10cm。菌木排列要平整，避免高低不平，空隙填上土，然后表面铺上厚2cm的细土。

五是出芝管理。菌木埋土后，即转入灵芝生殖阶段；在温度、湿度适宜的条件下，经10～15d便会呈现白色菌蕾（芝蕾），这时要适当关闭棚口，增加棚内CO_2浓度，使灵芝柄生长，当芝柄长到近10cm时，增加通风，促进灵芝盖的伸展，同时为提高品质，要做好疏芝工作，每1个菌棒保留1～2个灵芝，调整好棚内水分和空气（高湿和低CO_2），在灵芝生长旺期要每天喷水，保持棚内空气相对湿度在85%以上，为防止害虫危害，棚的出入口及通风处架设防虫网。竹林清理过程中会遗留部分竹根，在春天会在灵芝棚内长出小竹苗，只要及时折去就可以了。

六是孢子粉采收。待菌盖边缘黄色转至红棕色或红褐色，具有光泽，并弹射出大量红棕色孢子时，则表示灵芝子实体基本成熟，可以开始收集灵芝孢子粉，地上垫塑料薄膜，并依次为每朵灵芝套上塑料袋，底部扎紧后套上纸筒，在正常的情况下，菌木出芝后需60～80d才达采收适期。竹林下灵芝孢子粉套筒集粉时间控制在60d之内，及时收取，同时采收灵芝子实体。

本模式的优点：竹林山体每隔4～5m挖1条3.5m宽度的畦，保证遮阳率且下大雨时注意防止积水。在畦上用毛竹架拱棚，采用中棚模式在春季棚内增温效果好，灵芝出芝早，这种栽培棚能较好地保湿和通风，其日常的管理操作也比较方便；在灵芝产孢子粉期间，少喷水控制棚内湿度，防止孢子粉霉变，在良好生态环境下可以获得优质的灵芝孢子粉。该模式栽培灵芝及灵芝孢子粉，可栽培105～120m^3/hm^2段木，可产灵芝超200kg，采收灵芝孢子粉70～110kg，且所产灵芝与灵芝孢子粉品质优良。因优质而优价，可实现较高的经济效益。

（六）病虫害防控

1.病害　灵芝栽培中存在的主要病害有绿霉、青霉、木霉、链孢霉等真菌病害。这些杂菌与灵芝菌丝争夺培养基，造成灵芝菌棒污染，产生废棒，造成原料的浪费。还有木腐性侵染杂菌，如裂褶菌、云芝、红栓菌等，主要发生在菌棒裸露部分，是环境对于灵芝生长不适宜造成的灵芝菌丝退化而被杂菌侵染。据刘昆等（2019）研究发现，与引起灵芝基质软腐的黄腐病相关的病原体是灵芝腐败木生红曲霉菌 *Xylogone ganodermophthora*，在灵芝栽培老区发病率明显高于新栽培区，该病目前还没有良好的防治方法。防控方法：一是做好菌棒，选择抗病性强、产量高、生长旺盛的品种和菌种。栽培中把握好制菌棒和覆土栽培的时间，让菌棒有良好的营养积累，开始出芝覆土栽培。二是培养料灭菌要彻底，有利于接种后发菌，制作高质量的菌棒。三是保持栽培环境清洁，冬季对灵芝栽培场地做好清场，喷施石硫合剂消毒。四是减少灵芝栽培强度，不进行灵芝连作，建议选择坡度平缓且未种植过灵芝的新林地栽培灵芝。

2.虫害　林下灵芝栽培的主要虫害有白蚁、灵芝谷蛾（螟虫）、野蛞蝓等害虫。

（1）白蚁

①为害状。主要蛀食灵芝段木，在靠近地面的一端筑泥路挖洞，钻入段木皮层下蛀食做巢，以段木及菌丝体做食料，在夏季活动更为猖獗，不仅损坏段木树皮蛀食木质内部，而且对正在生长的灵芝也从内部开始蛀空。造成灵芝和孢子粉的产量、质量严重下降，减产减收。

②防治方法。选好场地，避开蚁源。白蚁喜阴凉潮湿的环境，土栖性白蚁多潜居在野外山岗腐殖质较多的林地或杂草丛中。因此，栽培场应选向南或向东南、西南日照充足的缓坡地，环境条件相对洁净。林下灵芝栽培前，在场地内设置诱杀坑，挖长宽深各30cm的小坑，埋入松木等，再压上泥土，2周后检查，发现有白蚁，再用水或火杀灭。

（2）灵芝谷蛾

①为害状。灵芝谷蛾在灵芝原基形成到芝盖生长期为害灵芝子实体，越冬幼虫一般在5月中下旬化蛹羽化，幼虫从子实体的幼嫩部位蛀食进入，在子实体内部取食成长，使菌盖出现许多蛀食孔道，并排出颗粒状粪便，气候潮湿时，排出物粘连引起灵芝子实体腐烂；成熟幼虫在灵芝的蛀孔内作茧化蛹，以幼虫作茧越冬。灵芝谷蛾的为害破坏了灵芝子实体的完整性，为害严重时，达到蛀食空的程度，蛀空的隧道常发生霉变。

②防治方法。栽培前场地要清理干净，除去藏匿虫体的枯枝树叶，芝场四周用80%敌敌畏乳油500倍液喷雾。棚栽的两端棚门需开启处加1层防虫网，用物理方法防止成虫飞入产卵。芝芽发生生长期、芝盖扩展期也是虫害发生期，应密切关注，一见有虫粪排出点，用细铁丝钩出幼虫杀灭，或切除虫害芝块，用水泡法集中杀灭。

（3）野蛞蝓

①为害状。为害灵芝的幼嫩子实体，一般伏在白色的子实体上啃食，造成子实体形成孔洞或缺口，导致灵芝子实体残缺，严重影响灵芝质量且易造成畸形灵芝。有的还常常伏在菌木上啃食

刚刚分化的灵芝原基。导致原基不能继续生长分化成子实体。野蛞蝓的大量发生严重影响灵芝的产量和质量。

②防治方法。根据野蛞蝓发生规律，清除场地内的垃圾、砖瓦块、枯枝落叶、杂草等，减少野蛞蝓隐蔽场所，可以在野蛞蝓经常出现的地方撒干石灰粉或草木灰，也可以在灵芝栽培场周围撒成封锁带，避免外界野蛞蝓进入栽培场内。利用野蛞蝓昼伏夜出、阴雨天为害的特点，可在早上、傍晚和阴天进行人工捕捉，直接杀死或放在5%食盐水中使其脱水死亡。人工捕杀也是一种有效的防治方法。在野蛞蝓为害期，可用10倍食盐水对重点场地进行喷洒防治，效果良好。

四、工厂化栽培

我国工厂化农业起步较晚，20世纪70年代末开始引进一些国外技术和设备进行试验研究。经过50年的发展，工厂化栽培在技术、生产以及设备方面都有了较大的进步，对我国农业发展起到了积极有效的促进作用，但也存在很多问题。工厂化栽培的主要问题表现在：某些种类的作物在技术层面没有完全解决，品种与设备不配套，工厂化配套的品种缺乏（尤其在食用菌产业）、管理人员素质跟不上产业的发展，工厂运行能耗大，效益不高，劳动生产率低。

食用菌工厂化生产始于19世纪中叶。1947年，荷兰率先在双孢蘑菇上进行了工厂化生产，随后美国、德国、意大利等国家也陆续开始了双孢蘑菇的工厂化生产。金针菇工厂化生产最早开始于日本。1965年日本建立了第一座现代化金针菇工厂，该工厂采用空调、电子监测及自动化控制系统，对菇房内的环境参数进行自动化调节，用塑料瓶为栽培容器，整个栽培过程及产品包装完全实现了机械化，品质和产量都达到了标准化。其自动化程度达到了当时金针菇栽培的最高水平，日产量达30t。80年代，韩国及我国台湾也相继采用日本的栽培模式进行工厂化金针菇、杏鲍菇等品种的栽培。目前为止，我国进行工厂化栽培的食用菌品种主要是金针菇、杏鲍菇、斑玉蕈、双孢蘑菇。随着科研工作者的研究以及工商资本的介入，其他种类的食用菌也陆陆续续地开始小规模的工厂化栽培，如蛹虫草、海鲜菇、鹿茸菇、香菇、桑黄、牛肝菌、绣球菌、灰树花等。

目前，我国的灵芝栽培方式大多停留在传统的大棚栽培上，采用传统灵芝栽培方法生产的灵芝及灵芝孢子粉，随着栽培环境的不断变化而对其产量和品质的影响也很大，这一现象为企业制定灵芝产品标准带来了很大困难。随着这几年"新冠"疫情在全球蔓延，国外出口、进口都受到了严重的影响。保护永久基本农田被提到了前所未有的高度，而灵芝出芝栽培时期与水稻栽培时期相一致，从而对灵芝栽培区域的扩展产生了很大的影响，特别是段木栽培灵芝。

根据不同灵芝品种的适宜生长条件，采用最优的环境控制参数，进行工厂化大批量栽培灵芝，不受季节、环境的影响，实现全年可控、稳定的高效生产目标。与传统灵芝栽培方法相比，工厂化灵芝栽培具有如下特点：

(1) 产量高 灵芝在环境可控的场地生长，可不受季节的影响，实现全年连续生产。

(2) 标准化 工厂化栽培为灵芝提供固定的环境参数、培养料配方，灵芝在人工控制的最适宜生长条件下生长，每批次生产的灵芝或灵芝孢子粉质量一样，品质稳定。

(3) 安全性高 工厂化栽培环境容易人为控制，减少了与外界的接触，杜绝了农药残留和重金属等污染。

(4) 效益高 采用工厂化栽培，单位面积负重指数高，集约化培养，单位面积的产量比传统的栽培模式高 5 ~ 8 倍。

(5) 可根据企业需求定向生产产品 由于灵芝和灵芝孢子粉中的三萜和多糖随着培养料和环境条件的改变而改变，工厂化栽培可根据企业对产品的定位培育出富含多糖或富含三萜的原材料，定向地满足企业需求。

（一）工厂化厂房的建设

1.**工厂化厂房的选择**　因灵芝和灵芝孢子粉的运输方便，厂房选择在地域上没有太大的要求。因灵芝是高温菇种，从节能出发，厂房选择在一年中夏季长的地区建设。从厂房选择的具体环境来考虑，要求周边不能有工业"三废"、畜禽养殖场、垃圾处理场或其他对环境或空气产生污染的地区；要求周边水源充沛、无重金属超标，最好使用管网的自来水。此外，还应考虑地势高低、交通运输、电力供应及栽培后的废料去向等。

灵芝工厂化的场址根据生产规模把干制、生产管理和生活等因素考虑进去，并留有空间用于运输和产品的周转。同时，地势最好比周边高且干燥，交通要方便；要与城市主干道有一定的距离（1 000m以上），四周通风；厂房的地下水位低，至少与地下水位相隔2m以上，以免阴雨天气地下水位上涨，滋生蚊蝇和其他有害微生物。

工厂化栽培，电源起着关键作用，厂房的选择要离电源近，节省输变电开支，同时也要保证供电稳定，少停电。

工厂化栽培，固定设施与设备投入占比大，因此，土地的流转年限要保证在15年以上。

2.**工厂化厂房的布局和设计**　灵芝工厂化厂址选好后，接下来就是进行总体规划和布局。灵芝工厂化厂房的布局大致分为3个区：一是污染区，此区主要放置原辅材料，进行拌料、制袋、灭菌处理等操作。二是相对洁净区，此区主要用于栽培出芝和后期产品的处理。三是完全洁净区，此区主要用于菌包的强制冷却、接种以及培养室。根据灵芝生产工艺流程主要分成以下几个区域：原料堆放区、拌料制袋区、生产区等。工厂化栽培还要把管理与生活区等规划在内。

（1）**原料堆放区**　原料堆放区主要是堆放栽培灵芝所用原辅材料的区域。原辅材料包括木屑、麸皮、石膏、石灰等。原辅材料应做到按生产规模、按计划采购，避免大量购进。若原辅材料长期堆放会滋生害虫、病菌，影响生产环境并消耗营养。该区域与拌料制袋区联系密切，既要考虑运输方便、合理衔接，又要考虑到有利于杂菌的控制，防止原材料发生霉变而影响周边区域。原料堆放区要根据场所的总体布局，安排在地势较高、干燥通风的下风口位置。

（2）拌料制袋区　拌料制袋区包括各种拌料、制袋和灭菌的设备，因此，在规划上要预留出小型机械进行原料运输和生产用周转筐储放的空间。此区域对空气的要求不严格，只要空气无污染，地面清洁即可。

（3）生产区　生产区包括灭菌后的料包强制冷室、接种室、发菌室、出芝室和产品的包装区域。生产区的强制冷室、接种室、发菌室按夏季主导风向布置在当地常年主风方向的上风口方位或侧风向处，朝向一般为南北向方位，南北向偏东或偏西不超过30°。生产区包括了洁净区和无菌区，灵芝生产过程中，对环境要求最高的是接种区，即无菌区。在接种前对环境进行严格的灭菌处理，人员更衣戴头套进入前，衣服表面严格进行杀菌处理，以保障接入菌种的纯度和后期的接种成活率。

（4）管理与生活区　该区包括管理室、办公区、食堂以及职工宿舍、车库等。办公管理区与厂外联系密切，适宜建在大门附近，远离生产区，安排在厂房区的一角，以减少对生产区的污染（图5-36）。

厂房建造时，还要充分考虑运输需求，运输通道的道路要求为宽5～6m的水泥道路。同时，排水设施是灵芝工厂重要的卫生环境设施之一。完善的排水设施可有效保证厂区地面干燥，有利于改善厂区环境状况，为灵芝创造良好的生长环境。排水系统包括两方面：一是生产过程中的排水，二是雨水的排泄。通常在道路旁、车间房屋建筑四周设置明沟排水，沟底有2%～3%的坡度有利于水流畅通，各功能房内要设置若干排水孔，通过暗沟连成管网排出。

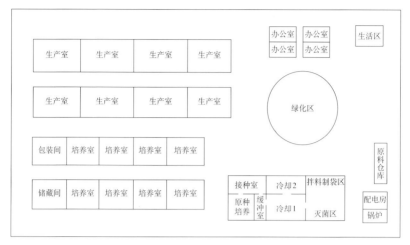

图5-36　灵芝生产车间布局示意图

厂区的绿化设立要结合有菌区、一般洁净区和洁净区的隔离、遮阳以及防风的需要进行。可根据当地种植树种的种类选择品种，要选择常绿树，避免落叶滋生虫害和病菌。绿化覆盖率建议安排为20%～30%。

3.工厂化各功能厂房的建设

（1）工厂化厂房的建设　厂房的管理与生活区、拌料制袋区等都有菌区和一般洁净区，都可以采用普通的砖混结构。

灵芝厂房中出芝厂房是厂区建设的主体部分，是生产的核心，是投入最大，要求最高的建筑之一。栽培车间厂房建造是否合理，直接影响生产潜力的大小和经济效益的高低。灵芝工厂化生产不同于大田的设施化栽培，需要周年生产，所以，必须要在一个相对密闭的环境条件下，利用设施和设备创造出灵芝不同品种、不同发育阶段的生长环境，来实现反季节的周年栽培。因此，灵芝栽培车间要具有几个特点：封闭、保温、建筑材料耐湿、环境可控。

根据不同的栽培方式、栽培工艺及所处地区的气候变化特点，选择适合的保温材料。目前，食用菌工厂化栽培主要采用冷库式

111

菇房。使用最多的是带保温的彩钢板活动厂房，外层以高强度的彩色钢板为面材，内层是轻质隔热材料自熄型聚苯乙烯泡沫，具有重量轻、机械强度高、隔热、隔音、耐腐蚀、耐水蒸气渗透等优良性能。墙体材料是两面高强度白色钢板组成的"夹心墙"，墙体漆成白色，四边用钢材加固，屋顶用瓦楞板，墙体用彩钢夹心板，这种活动板房具有保温、隔热、防水、抗震等优点。外围结构一般分为3层，分别是外表面层、保温层、内表面层；内、外表面层材料应具有保温性、防水性、防湿性、不燃性，且应具备化学稳定性好、强度高、不易开裂以及使用寿命长等性能。灵芝厂房保温效果决定供热时间长短及生长温度变化。灵芝厂房外围结构传热占食用菌厂房总热负荷的20%～35%。在一定范围内，灵芝厂房外热负荷与厂房外围灵芝厂房结构的厚度成反比关系，随着围护结构厚度的增大，厂房外热负荷将变小，这可有效地减少灵芝厂房的能耗，降低工厂化灵芝生产过程中对电能的消耗；但围护结构的增厚，将会增加灵芝工厂化厂房建设的初期投资。因此，如何平衡两者之间的关系，确定灵芝工厂化厂房结构的厚度是十分重要的。

活动房具有安装简便、快捷的特点。全部构件都是工厂标准化生产，可以自由设计，轻钢组合活动房由墙体板和联接件组成，方管直通联接件可以装入方管横梁内或直角通联接件、三通联接件、四通联接件的大端方管内，方管横梁可以套在直角通联接件、三通联接件、四通联接件的小端方管上，直角通联接件安装在活动房两个墙体板连接处，墙体板固定在联接件和横梁组成的框架内。

灵芝工厂化栽培与传统的大棚栽培相比，最主要的区别是防潮和保温，特别是在冬季栽培时，灵芝的发育温度为28℃以上，厂房易产生"冷桥"，杜绝"冷桥"是灵芝工厂化栽培车间施工中的重点和难点。一旦形成"冷桥"，将增加灵芝厂房的热负荷。灵芝工厂化车间可适当加深厂房的颜色。因为颜色越深，反射太阳辐射的能力越小，在冬季栽培灵芝时，可通过外界太阳的照射，提高室内温度，从而减少能耗。

（2）各功能房的建设及内部设施设备的配备 生产区厂房设计中首先要根据预期规模及工艺流程等要求，确定各功能房的布置。再预留搬运、物流等的面积，然后根据总体的面积粗略算出功能房的面积，最后根据场地自身地形、工艺和一般建筑规范，计算出各类功能房的具体尺寸等，同时根据实际地形等加以调整。

①原料周转房。原料周转房的面积，根据生产规模大小，备好10～15d用的原料，计算摆放面积，原料周转房采用防雨、通风的水泥地面库房。

②装袋、灭菌室。拌料、装袋、灭菌是食用菌生产过程中的流程，一般拌料、装袋室和灭菌室紧挨着，根据实际情况，也可共用一个空间。按照日产量配置自动拌料机械、自动装瓶（袋）设备和高压灭菌设备，同时配备锅炉并计算配置的数量、占地面积空间，以流程为基础设计布局方位；考虑每台设备的占地面积以及堆放周转筐的空间来计算功能室的面积，算出的设备占地面积乘系数2.5～3进行折算装袋室、灭菌室的面积。

自动拌料机械选用带有自动加水装置、原料提升装置和清洗功能的自动拌料机。自动装瓶设备选用适合容量（1 100mL）的国产专利产品。自动装袋机采用装袋直径22cm的窝口机。依据生产量和自动装瓶机的性能设计台数和高压灭菌设备，同时依据灭菌器定额配备相应的锅炉吨数。

耐高温高压瓶和周转筐：灭菌筐可装瓶12个或16个，高压聚丙烯瓶耐蒸汽压力0.3～0.5MPa，温度为121～126℃。

③接种室。接种室包括缓冲间、强制冷间和接种室，按照日产量配置强制冷室和接种室。强制冷室采用5.5～7.5kW制冷机组，能快速使料包从90℃降低至25℃。技术参数：制冷温度23～27℃，空气相对湿度60%～65%。采用液体菌种接种，接种机可以采用国产专利产品。接种室要求用防滑瓷砖铺设或做水磨石、油漆地面，内表面应平整光滑，无裂缝，接口严密，无颗粒物脱落，并能耐清洗和消毒，壁与地面的交界处宜呈弧形或采取其他措施，以减少灰尘集聚，同时便于清洁。

④培养室。培养室可依据单位面积计算摆放数量，一般长13～15m、宽8m、高4m。培养室内安装控温设备及通排风设备，设计进风口和排风口数量。配置智能控制屏进行智能监控，实时采集，监控菌丝培养期间环境的温度、湿度、通排风系统等技术参数的变化。同时在培养室内可能产生死角的地方分布3个点进行温度监控。

⑤智能出菇房。智能出菇房是灵芝子实体形成、生长的场所，一般长13～15m、宽5m、高4m。根据灵芝子实体发育不同时期对温度、湿度、光线、二氧化碳的要求调节制冷系统、通排风系统、自动控制系统等的优化设计，提供配套的设备。

菇房制冷、通排风、自动控制系统设施设备技术参数如下。

一是温度。出芝温度控制在25～28℃，孢子粉弹射温度28～30℃（±2℃）。

二是湿度。出芝时控制相对湿度为85%，子实体分化时控制相对湿度为92%，孢子粉弹射时控制相对湿度为80%（±5%）。

三是二氧化碳浓度。灵芝子实体形成阶段，控制二氧化碳浓度为0.05%～0.09%。

四是光照度。原基期光照度500～2 000 lx，芝芽分化期1 000～3 000 lx，孢子粉弹射期1 000～2 000 lx。

（二）栽培季节

灵芝是高温型食用菌，在其栽培时，可根据厂房所处环境的气候特点安排出芝时间。在浙江地区，一年可以栽培3茬；广州地区，一年可以栽培4茬。

（三）栽培基质和原料

灵芝培养料配方中占数量比例较大、起主导营养的物质，称为主料；占数量比例小、起补充调节营养的物质，称为辅料。辅料在培养料中用于调节碳氮比，增加必需营养。

灵芝属于典型的木材腐朽菌，其主导营养物质是木材、棉籽

114

壳等；其次是靠麸皮、米糠等辅料提供营养。因灵芝也属于药用菌，其对营养需求的评价还应考虑到活性成分含量。

1.棉籽壳　棉籽壳又称为棉籽皮。据分析，棉籽壳含氮1.5%、含磷0.66%、含纤维素37%～39%、含木质素29%～31%、含粗蛋白17.3%。棉籽壳碳氮比为（37～39）∶1，适合灵芝的营养要求，棉籽壳物理结构好，既能保湿、透气，其质地又利于灵芝菌丝逐步分解利用。此外，棉籽壳具有取材方便，运输便捷等优点。

选购棉籽壳应注意的问题，壳上残绒不宜过长或太多，要求有一定数量的短绒。棉籽壳外观应灰白色或雪白色，手感柔软，棉籽壳贮存过程中要注意防潮、防霉变、防结块和防生虫。

2.木屑　除含有大量树脂和单宁等抑制菌丝及子实体生长发育的物质的木屑外，其余木屑均可使用。一般阔叶林的木材都能使用。

木屑颗粒适宜的粗细比例：直径0.5～0.8cm的木屑占30%，直径0.3～0.5cm的木屑占30%，直径0.3cm以下的木屑占40%。粗木屑多，培养基持水力差，容易干燥；木屑过细则透气性差。木屑应放置在干燥通风处，防止雨水淋湿而引起霉变。

3.玉米芯　我国南北各地都有栽培玉米，尤以北方栽培规模最大，玉米芯在北方栽培灵芝时也常用到。玉米芯营养丰富，适合灵芝菌丝生长利用。据测定，玉米芯的营养成分含量为：水分3.21%、粗蛋白质11%、粗脂肪1.3%、钙0.04%、磷0.25%。玉米芯具有营养成分高、质地坚硬、有利于菌丝逐步分解利用、后劲持久等特点。同时，玉米芯易吸水，透气性好，但保水力不强，因此，玉米芯应搭配棉籽壳、木屑作为主料栽培。

玉米芯应粉碎成黄豆大小的颗粒，太大，不利于保水且装袋不紧实；太小，影响培养时进行通气，造成发菌不良。配制时应用1%石灰水将玉米芯先预湿，使之充分吸水后，再加入其他材料。

4.甘蔗渣　我国南方是甘蔗的主产区，甘蔗渣资源十分丰富。据分析，甘蔗渣的主要营养成分为：纤维素46%、半纤维素25%、木质素20%、氮0.43%（碳氮比124∶1）。甘蔗渣含有较多的可溶性糖，用于栽培灵芝时，菌丝浓密；但甘蔗渣透气性不好且含糖量高，容易感染链孢霉。因此，在选用甘蔗渣为主料栽培灵芝时，应添加适当的辅料，且需要选择新鲜甘蔗渣或选用及时晒干贮藏的干料。

5.**辅料**　辅料，是指灵芝培养基中的部分配合营养料。根据主料的理化性状及优缺点，添加辅料补其不足，以优化培养基使之发挥最佳的效果。添加辅料一般可起到调节 pH，调节碳氮比和纤维素、木质素的比例，增加碳、氮、矿物质、维生素等营养成分。为增强培养料的透气性和持水性，常添加稻壳、棉籽壳；为调节碳氮比，常添加麸皮、米糠、玉米粉等；为调节 pH，常加入石灰、石膏、碳酸钙等。灵芝常用的辅料有：麸皮、玉米粉、黄豆粉、石灰、石膏、硫酸镁等。

（四）栽培技术

灵芝工厂化栽培采用层架栽培模式，利用菌包或瓶出芝。为提高工厂化灵芝的质量，目前大部分还是采用菌包出芝，采用 17cm×33cm 栽培袋进行栽培。

1.**菌种制备**　灵芝工厂化栽培时采用液体菌种接种，液体菌种具有生长速度快、菌龄一致、活力强、发菌快、成本低、生产效率高等优点。采用液体菌种接种解决了固体菌种发菌慢，出芝不整齐和生产周期长的问题，有利于提高灵芝的产量与品质。

母种培养基配方：马铃薯 20%、葡萄糖 2%、蛋白胨 0.2%、琼脂 2%，水 1 000mL，pH 自然。

灵芝母种在扩繁前，要进行菌种的活化，具体步骤为：冰箱保存的母种拿出来后，在 25℃下培养 3d，3d 后接种于木屑培养基的平板中 25℃培养，挑取生长速度快、生长旺盛的灵芝尖端菌丝到新的木屑培养基中，重复操作 3 次，灵芝菌种活化即完成。

不同的灵芝菌种对培养基的要求不同，但培养 5～7d 的灵芝菌种活力最强，可用于大规模扩种或接种。

2.**基质配制**　工厂化灵芝基质的配制与代料灵芝配制的要求

相同。但有以下注意事项。

（1）在对灵芝生长基质进行配制时，采用新鲜无虫蛀的原料。

（2）现用现配，天气热的夏天配制的基质当天装袋，当天灭菌。

（3）基质的含水量控制为：料：水＝1：（1.2～1.4），夏季制棒时采用1：1.2，冬季制棒时采用1：1.4。

3.装袋灭菌　装袋后的菌包放入铁筐中，轻拿轻放，不能过度挤压，同时要防止铁筐边缘的尖刺划破料袋。

装好后的料袋要立即装入灭菌锅中，无铁筐的在每层隔板上放3～5层料袋，呈"井"字形摆放，袋间和四周要留有空隙，防压扁、防死角。

高压蒸汽灭菌压力达0.08MPa时放气，待升到0.15MPa时维持3～4h。常压蒸汽灭菌，温度升至100℃时维持14h。维持多少时间应根据实际情况灵活掌握，以灭菌彻底为原则，容量多的灭菌时间长。

点火或通蒸汽灭菌要快，要在4h内使灭菌锅内温度达到90℃以上。如果处在30～40℃的时间长，培养基中的杂菌旺盛生长，就增加了彻底灭菌的难度，同时杂菌对培养基中的营养消耗也会增大。因此，在维持温度期间不能停火或降低压力，否则影响灭菌质量。停火后闷5～6h，利用余热，加强灭菌和菌包表面的水蒸气。待锅内温度降至60℃时即可出锅。搬运灭菌后的料袋要比装锅前运袋还要谨慎，轻搬轻放，以防落尘和破袋。

4.接种　灭菌完成后，菌包即刻运入强冷却室，冷却室提前杀菌、杀虫处理。菌包运入后开启过滤后的冷气，待菌包中的温度降至28℃以下时，即可移入接种室接种。

移入接种室的菌包再次进行杀菌处理后开始接种。有条件的采用液体自动接种机接种，也可采用接种枪接种（注意做好个人卫生和接种工具的灭菌处理）。要做到在接种过程中无其他杂菌带入，确保料袋中菌种的纯度。接种1h或完成1批料袋接种后，要重新杀菌。

5.发菌培养　接种后的菌包运入发菌室（培养室）培养。培养室内采用层架构造，发菌室的温度前期控制为26℃，待菌种萌发开始吃料后，控制为24℃，空气相对湿度控制为60%～65%，二氧化碳浓度控制在0.1%以下。进出培养室随手关门、关灯，尽量减少光源。在菌丝培养期间要翻袋检查3次，第一次是当菌丝吃料3～5cm时，第二次是菌丝长满料面1/2时，第三次是菌丝全部长满菌袋时，检查时要逐个检查菌袋有无杂菌生长，及时剔除污染的菌包。如发现真菌孢子，要用带有75%酒精的湿毛巾轻轻包住移至室外小心处理，避免孢子飞散。如果发现链孢霉，要立即烧毁或深埋，而且房间要全面检查消毒。

6.出芝管理　当培养袋中长满白色菌丝，袋口出现白色块状原基时，需要及时将培养包移入出芝房内。出芝房要提前做好清洗、消毒工作，防止杂菌感染，消毒后通风1d，即可把菌包移入。按不同的生长阶段，通过温度、湿度、空气质量智能监控系统控制出芝房内的温度和湿度。根据灵芝不同的生长阶段控制通风次数。适时疏蕾，用锋利洁净的刀片切去多余弱小的分枝，保留一枝健壮的蕾，以保证灵芝的质量。

在灵芝子实体生长过程中，要注意对虫害进行防治，灵芝出芝房内的通风口需要安装细密窗纱，防止害虫侵入。发现害虫时，可采用人工捉虫或诱捕的方法，禁止喷洒农药。灵芝长到可以采收需要60～90d。

7.采收、干制　根据灵芝采收标准进行采收。采收的鲜灵芝子实体要及时用刀切掉基部过长部分，及时放在竹帘上晒干或者用烘干机烘干。干制后的灵芝子实体含水量为13%左右。干制后的灵芝要及时装入塑料袋内密封存放，不可散堆在室内，以免灵芝吸水返潮，使灵芝发霉或被虫蛀，从而失去商品价值。

参考文献

常明昌, 孟俊龙, 程红艳, 等, 2010. 我国食用菌工厂化栽培的初步研究与探索[J]. 上海农业大学学报, 30(4): 2668-2672.

陈秀炳, 周洁, 张波, 等, 2017. 灵芝新品种'川圆芝1号'[J]. 园艺学报, 44(11): 2239-2240.

兰玉菲, 安秀荣, 王庆武, 等, 2011. 灵芝新品种'泰山赤灵芝1号(TL-1)'[J]. 园艺学报, 38(12): 2427-2428.

李洪亮, 李瑞国, 韩广钧, 2014. 浅谈中国食用菌的工厂化生产[J]. 食用菌, 36(3): 6-8.

李银良, 张德根, 等, 2014. 金针菇中小型工厂化生产与经营[M]. 北京: 金盾出版社.

罗欣, 张唐娟, 廖剑, 等, 2021. 食用菌工厂化发展现状和趋势[J]. 农业开发与装备(1): 114-115.

谭伟, 郭勇, 2002. 野蛞蝓对灵芝的危害及防治措施研究[J]. 食用菌, 24(2):37-38.

谭伟, 郑林用, 郭勇, 等, 2007. 灵芝生物学特性及生产新技术[M]. 北京: 中国农业科学技术出版社.

于汇, 赵梓霖, 2019. 食用菌工厂化生产的关键技术[J]. 热带农业工程, 43(1): 121-123.

张金霞, 蔡为明, 黄晨阳, 等, 2020. 中国食用菌栽培学[M]. 北京: 中国农业出版社.

周洁, 张波, 杨梅, 等, 2018. 灵芝新品种'攀芝1号'[J]. 园艺学报, 45(1): 197-198.

第六章
人工栽培灵芝品种介绍

一、川芝6号

川芝6号适宜于南方地区代料栽培，其生物转化率可达20%。子实体形成适宜温度为25～30℃，空气相对湿度为90%～95%。成熟子实体菌盖呈扇形，褐色，表面有环形纹路，平顶、边缘较薄；芝柄中生，为柱状，褐色。

二、灵芝G26

灵芝G26是四川省农业科学院土壤肥料研究所以韩芝和红芝作为亲本进行种内原生质体融合，再生菌株初筛、复筛，获得的新品种，已通过四川省农作物品种审定委员会审定。该品种的特性：菌丝白色、粗壮，最适温度范围24～26℃；子实体生长最适温度24～28℃，原基分化约50d后子实体成熟，成熟子实体菌盖土黄色，肾形，表面有环纹；芝柄为红褐色，侧生。菌丝生长阶段湿度为65%，子实体生长阶段湿度为85%～90%。菌盖分化需散射光，光照度不低于1 000lx。灵芝G26适宜四川等地代料栽培，生物转化率可达20%。

三、川圆芝1号

川圆芝1号菌丝白色、粗壮，有时出现转色现象。子实体肾形至近圆形，菌盖平展。子实体初期，表面白黄色；成熟子实体赤褐色，具环状棱纹和辐射状皱纹，背面金黄色至淡黄色，菌肉黄白色；其菌柄深褐色，有光泽。菌丝生长温度15～38℃，最适生长温度24～26℃；出芝温度20～35℃，最适出芝温度26～28℃。菌丝生长速度快，原基、菌盖分化时间平均为10d和28d。代料生物转化率为28%。适合在四川及与之相似生态区栽培（陈秀炳 等，2017）。

四、攀芝1号

攀芝1号的菌丝白色，粗壮。子实体呈肾形，菌盖初期浅黄褐色，成熟时赤褐色，具环状棱纹和辐射状皱纹，边缘薄而平截，背面淡黄色，菌肉黄白色；菌柄褐色，有光泽。菌丝生长温度15～38℃，最适生长温度24～26℃；出芝温度20～35℃，最适出芝温度24～26℃。代料栽培平均生物转化率为29%（周洁等，2018）。

五、泰山赤灵芝1号

泰山赤灵芝1号子实体菌盖为圆形或肾形，红褐色至土褐色，具有明显同心环纹路。该品种子实体单生或丛生，腹面黄色，芝柄柱状、深红色。菌丝生长最适温度为25～28℃，子实体生长最适温度为25～30℃；代料栽培发菌需45d左右，从原基形成到子实体采收需要约55d。泰山赤灵芝1号产量高，出芝整齐，适宜栽培地区为山东泰安等地（兰玉菲等，2011）。

六、韩国灵芝

韩国灵芝子实体生长最适温度为27～29℃，空气相对湿度为80%～90%。子实体单生，菌盖近肾形或半圆形，有棱状环纹；菌盖为褐色，腹面黄色；芝柄为柱状，深褐色。适合在山东泰安及与之相似生态区栽培。

七、日本灵芝

日本灵芝子实体生长最适温度为22～28℃。子实体单生或丛生，菌盖近肾形或半圆形，有环状棱纹；菌盖为褐色，腹面鲜黄色；芝柄侧生，呈紫褐色。适合在山东泰安及与之相似生态区栽培。

八、G9109

G9109是福建尤溪林业科学研究所陈秀炳（2005）报道的灵芝高产菌株。该菌株为早熟型品种。其菌丝在6～32℃下均能生长，但菌丝生长的适宜温度为18～32℃，最适温度为26℃。在木屑培养基上菌丝粗壮、洁白、整齐，爬壁能力强，满瓶天数20～21d。用于短段木栽培，其适应性强、出芝早，子实体朵型大，菌盖背面金黄色。

九、龙芝1号

龙芝1号（浙认菌2018004）由龙泉市兴龙生物科技有限公司、浙江省农业科学院园艺研究所、龙泉市张良明菌种场选育。该品种发菌快，孢子粉和子实体产量较高，芝体朵形平整、厚实，多糖、三萜类物质含量较高。适宜在浙江省海拔300～800m区域进行段木生产。

十、龙芝2号

龙芝2号［浙（非）审菌2013005］由龙泉市兴龙生物科技有限公司、浙江省农业科学院园艺研究所、龙泉市张良明菌种场选育。该品种长势强，子实体产量高、商品性佳。可在浙江省适宜自然条件下段木生产灵芝子实体。

十一、仙芝1号

仙芝1号［浙（非）审菌2009003］由浙江寿仙谷生物科技有限公司、金华寿仙谷药业有限公司选育。由野生灵芝经过生化培养和系统选育研究，该品种菌丝生长旺盛，长势好，抗逆性强，子实体耐高温，菌盖厚实、菌肉致密，子实体及孢子粉产量高、品质优。适宜于浙江省栽培应用。

十二、仙芝2号

仙芝2号［浙（非）审菌2014003］由浙江寿仙谷生物科技有限公司、金华寿仙谷药业有限公司、浙江寿仙谷珍稀植物药研究院选育。该品种是以仙芝1号为亲本，经航天诱变育成。该品种产量高，属常规种，孢子产量高、饱满度好；子实体厚实，商品性好，孢子淡褐色至褐色，椭圆形至卵形，饱满度好。适合在浙江省种植。

十三、仙芝3号

仙芝3号（浙认菌2021001）由浙江寿仙谷医药股份有限公司、浙江寿仙谷植物药研究院有限公司、金华寿仙谷药业有限公司、浙江寿仙谷珍稀植物药研究院选育。该品种以采集的野生赤芝菌

株经人工驯化系统选育而成。该品种有效成分含量高，抗性强，生育期短，外观形状佳，商品性好，菌丝白色绒毛状、密、贴生，有色素（不明显），适宜生长温度为25～28℃，出芝比仙芝1号、仙芝2号早5～7d，孢子粉弹射早10～11d。其抗杂菌能力强，平均杂菌污染率为4.11%，比仙芝1号、仙芝2号低41.9%～59.2%。适宜在浙江省段木栽培，菌段排场前应注意防止高温烧菌。

十四、沪农灵芝1号

沪农灵芝1号［沪农品认食用菌（2004）第055号］由上海市农业科学院选育。该品种子实体质地坚硬，菌盖扇形、近圆形，直径13～21cm，菌丝生长速度快，适宜段木栽培，孢子粉产量高。

参考文献

陈秀炳, 2005. 短原木熟料栽培灵芝优良菌株G9109试验[J]. 福建林业科技, 32(1):45-47.

陈秀炳, 周洁, 张波, 等, 2017. 灵芝新品种'川圆芝1号'[J]. 园艺学报, 44(11): 2239-2240.

兰玉菲, 安秀荣, 王庆武, 等, 2011. 灵芝新品种'泰山赤灵芝1号'[J]. 园艺学报, 38(12): 2427-2428.

周洁, 张波, 杨梅, 等, 2018. 灵芝新品种'攀芝1号'[J]. 园艺学报, 45(1): 197-198.

第七章

灵芝加工

灵芝加工是指以采收的灵芝新鲜子实体、灵芝孢子粉，以及液体或固体培养的菌丝体为原料，利用食品加工工艺流程或制药业的各种加工工艺和设备，采用单一原料或科学配比，将其加工成易于保存、食用（使用）方便，利于人体吸收的各种产品的过程和方法。

随着加工技术的不断提高，用灵芝为原料加工的产品日渐增多。关于灵芝的专利有7 000多项，取得国家认证的保健品有18 000多种，其中灵芝保健品酒有1 080多种，含有灵芝的药品和复方近1 500多种[①]。"健保食品"行业是"大健康产业"的重要组成部分，这为灵芝产业的发展带来了新的机遇和挑战。

一、灵芝干制

灵芝子实体采收时，轻拿轻放，避免擦伤或碰伤影响灵芝的商品性，灵芝采收后根据水分含量的情况，自然晾晒2 ～ 3d或直接放入烘干机内干燥，使其水分含量控制在6% ～ 8%，水分含量过大将影响成品质量且不耐贮藏。

二、灵芝孢子粉的破壁技术

灵芝孢子粉是灵芝的种子，灵芝种子外层成分是由几丁质组

---

① 数据来自中国医学科学院药物研究所陈若芸研究员于2019年在丽水做的《灵芝化学与质量控制》报告。——编者注

成，灵芝孢壁所含几丁质的化学成分多由无机元素硅和钙构成，坚硬且不易分解，既不溶于水，也不溶于酸，从而限制了人体对灵芝孢子内有效物质的消化吸收。因此，有必要对灵芝孢子粉进行破壁，而破壁率的高低决定了人体对灵芝孢子粉中有效成分的利用吸收率。在提高破壁率的同时，破壁的工艺就显得尤为重要。

目前，国内外采用的灵芝孢子粉破壁技术工艺层出不穷。国内采用的灵芝孢子粉破壁技术主要是物理破壁法、机械破壁法和综合破壁法；生物破壁法和化学破壁法由于具有化学成分掺入等缺点，处理残留化学物质时需要消耗大量的时间且不易处理干净，导致有效成分易流失，破壁效果不明显，其加工成本相对较高。目前，国内对灵芝孢子粉破壁最常用的方法是机械破壁法和物理破壁法。

1.机械破壁法　机械破壁法是指借助设备设施的挤压、撞击、高速剪切等外部作用力使灵芝孢子粉外壁的几丁质破裂的方法。

（1）**气流式超微粉碎破壁法**　该方法的原理是借助高压空气或过热蒸汽，当气流通过喷嘴会受阻，从而产生高压气流，以该气流作为灵芝孢子的载体，孢子与孢子之间或孢子与腔体之间发生高强度撞击或挤压等作用，导致坚硬的细胞壁破裂，完成粉碎破壁的目的（刘智勇等，2007）。肖鑫等学者先将灵芝孢子粉进行纤维素酶预处理，再进行高压气流粉碎，粉碎率可达99%以上。

（2）**挤压破壁法**　该方法主要是通过旋转的螺杆产生挤压、剪切以及设备腔体的加热作用，使物料经加热、高压及剪切作用实现细胞壁破裂，达到破壁的目的（叶琼娟等，2013）。该方法操作工艺简单，易于连续大批量进行破壁处理。但由于高压和高强度挤压发热等，会导致物料的部分功效成分受热变性，影响产品的品质，如孢子油过氧化。刘静雪等（2017）通过改良，采用双螺杆挤出技术对灵芝孢子粉进行破壁处理，利用相应面优化得出，当挤出温度110℃、孢子粉含水量27%、螺杆转速640r/min时，灵芝孢子粉破壁率可达到96.48%的结论。

（3）**研磨式超微粉碎破壁法**　研磨式超微粉碎是灵芝孢子借

助与研磨介质之间所产生的挤压以及剪切、碰撞等相互作用力，完成灵芝孢子细胞壁粉碎的过程（刘智勇等，2007）。研磨式粉碎过程主要为碰撞力、挤压与剪切作用。破壁的效果取决于研磨介质的长短、外形轮廓、体积比、研磨方式、灵芝孢子物料的装填量、相互作用的力学特性等。研磨式粉碎的典型设备有对辊式挤压破碎机、搅拌研磨和振动研磨等。常用的研磨式灵芝孢子粉超微粉碎破壁方法有球磨式干法超微粉碎破壁、湿法高速剪切破壁、高压均质破壁等。此类方法的特点是破壁率高，但很容易造成研磨介质之间的碰撞摩擦导致物料中夹杂金属碎屑，从而影响产品品质。

2.物理破壁法　物理破壁法大多使用低温、冷冻脆化、超声波、微波等技术，也有采用一系列物理作用相结合的方法来破壁的。

（1）*超声波破壁法*　超声波破壁法是利用超声波的辅助作用结合特定溶剂进行灵芝孢子粉破壁的方法，超声波能够产生高频的强力空化效应和冲撞作用，从而使灵芝孢子之间产生强烈的撞击和剪切，实现破壁的目的（马艺沨等，2019）。该方法能够缩短破壁时间，提高破壁效率。单独使用超声波破壁效率较低。夏志兰等（2005）研究证明，单独使用超声波处理灵芝孢子粉，破壁率仅为50%左右；且超声波破壁容易产生局部高热而使灵芝孢子中某些热敏性成分变性失活，从而影响灵芝孢子粉的活性。

（2）*微波破壁法*　微波辅助破壁技术是利用微波辐射能产生的高频电磁场，透过萃取介质深入灵芝孢子细胞内部的过程。微波所产生的高频电磁场，可使得灵芝孢子组分的分子由固体内部向固液界面扩散的速率加快。从而产生大量的热能，使细胞内部压力变大，细胞壁由于内外压力差的作用而破裂。但该方法容易导致灵芝孢子的部分功效成分受热破坏。杨连威等（2008）将灵芝孢子粉先进行微波处理，再在低温下深加工，灵芝孢子的破壁率可达99%以上。

（3）*超低温液氮脆化破壁法*　超低温液氮脆化破壁是指利用

液氮的超低温将灵芝孢子粉快速冷冻后再迅速解冻，从而达到破壁效果的方法（周顺华等，2002）。超低温液氮脆化设备由液氮发生器、脆化系统、信息采集系统和观察系统四大部分组成。周顺华等（2002）试验证明，超低温液氮能够有效提高细胞壁的催化破裂效果。采用超低温液氮进行破壁具有破壁率高、设备操作简便及功效成分破坏小等特点。吴映明等（2008）采用超声波和超低温冷冻处理结合的方法进行灵芝孢子粉的破壁处理，结果显示随着冻结、解冻次数的增加可一定程度上提高灵芝多糖的获得率。该方法能耗低且破壁效果好，操作简单，能有效保留灵芝孢子粉的活性成分。但作用时间长，一次性处理的物料少。

（4）真空压差膨化破壁法　真空压差膨化又称气流膨化、变温压差膨化等。该方法的膨化过程中，膨化的温度和干燥过程中的温度有温差，在膨化过程中物料的温度不断变化。压差是指物料在膨化过程中由腔体中的高压与真空罐连通时变成低压的过程。该过程导致物料内部水分瞬间汽化，使得物料形成蓬松的结构状态（张群，2012）。周萍等（2012）研究了真空压差脆化破壁灵芝的工艺，以灵芝孢子的硬度和含水率为指标，选取膨化温度、抽真空干燥温度、抽真空干燥时间等为考察主要因素，经工艺优化试验得到真空压差膨化结合超微粉碎技术可提高灵芝孢子破壁率的结论。

3.化学破壁法　化学破壁法是利用溶剂浸提灵芝孢子粉中的有效成分或利用酸、碱等试剂降解灵芝孢子细胞壁结构，使得灵芝孢子粉中的活性成分溶出（马艺沨等，2019）。该方法的优点是设备投入少、能耗低；缺点是提取或破壁时间长、容易造成溶剂残留、提取功效成分不充分、后期产生较多的废液等。Lee等（2007）采用25%乙醇溶剂提取灵芝中的功效成分，最终减压浓缩并定容至500mL保存，通过灵芝的25%乙醇提取物，研究其通过激活Nrf2/HO-1通路增强细胞的抗氧化作用，该方法对灵芝孢子的提取率较好。

4.生物破壁法　生物破壁法通过溶壁酶、微生物等诱导灵芝孢壁破裂或通过各种技术诱导灵芝孢子自己萌发而达到破壁的效果。主要有酶解破壁法、萌发破壁法和微生物破壁法等。

(1) **酶解破壁法** 酶解破壁法是通过添加溶壁酶，如纤维素酶、几丁质酶和葡糖苷酶等，具有1种或2种以上的酶活性，通常是将2种以上的酶混合使用，能更好地发挥破壁作用。夏志兰等(2005)通过研究得出，利用3.0%溶壁酶，在38℃条件下对灵芝孢子酶解4h，灵芝孢子粉破壁率可达80%以上。此方法与超声波处理技术相结合，灵芝孢子粉破壁率达98%以上，且破壁孢子粉不含金属，纯度提高。李国平等(2017)采用复合酶解技术对灵芝孢子粉进行破壁处理，效果比单一酶解更明显。

(2) **萌发破壁法** 萌发破壁法是在适宜条件下，诱导新鲜饱满的灵芝孢子萌发，从而达到破壁的目的。王德芝等(2009)研究表明，灵芝孢子在28℃、pH = 5、供氧、黑暗条件下培养48h，萌发率可达70%，且0.1mg/mL浓度范围内的$MgSO_4$、$CaCl_2$、$FeCl_3$参与下能有效地促进孢子萌发。萌发破壁法除了受外部培养条件影响外，灵芝孢子的自身状态对破壁有很大的影响。有学者研究得出，赤芝只有早期弹射的新鲜孢子可以在麦芽汁培养基中萌发，中后期弹射的孢子粉很难萌发。

5.**综合破壁法** 在工业化生产中，孢子粉破壁大多以机械破壁法或物理破壁法为主。早期以球磨式振动磨超微粉碎破壁居多，但该方法存在处理量小、破壁时间长等缺点，同时会导致温度过高及金属棒的相互碰撞致使金属碎屑残留等一系列问题。随着破壁技术的发展，目前从孢子粉加工企业来看，破壁技术以对辊式挤压破壁居多，该方法金属辊不会直接接触而产生金属碎屑，不会造成因金属直接碰撞而产生高温，但若要达到95%以上的破壁率也需要反复地进行挤压破壁处理，所用时间较长且破壁空间内温度上升。为了更高效地实现低温、短时、高破壁率等指标，学者进行了大量科研尝试，采用多种方法相组合的方式取得了很好的效果。综合破壁法的应用方式主要有机械破壁法与物理破壁法结合、物理破壁法与生物破壁法结合、机械破壁法与化学破壁法结合等。

（1）机械破壁法与物理破壁法结合 周萍等（2012）研究表明，变温压差催化结合超微粉碎的技术，经脆化、干燥后的灵芝孢子粉有分级去杂、纯化灵芝孢子粉原料的作用，可提高微粉处理的破壁率，破壁率达99%以上。

（2）物理破壁法与生物破壁法结合 灵芝孢子生物酶破壁的最适酶类是溶壁酶，溶壁酶组合微波可使灵芝孢子粉的破壁率达98%以上，且这样的破壁方式不含金属碎屑，具有环保、安全、纯度高等优点。

（3）机械破壁法与化学破壁法结合 采用β-环糊精（β-CD）的湿法灵芝孢子粉破壁工艺，所添加的β-环糊精既可促进灵芝孢子粉的破壁完全，又能够有效保留灵芝孢子粉中的有效成分，破壁率达90%。

三、灵芝浸膏的制备

市场上出售的灵芝类产品品种繁多，包括生药材、药用制剂、保健品、饮品、日化产品等。灵芝的子实体、菌丝体及孢子均可制成制剂，用于保健、药用；灵芝深层发酵培养的菌丝体和发酵液也可制成制剂使用。

常用的灵芝制剂有片剂、胶囊剂、颗粒剂、糖浆剂、酒剂、注射剂等。除单方外，大多数灵芝制剂是与其他中药材配伍组成的复方制剂。灵芝制剂多用于慢性疾病的防治，或用于久病体虚及老年保健。近年来，发现灵芝制剂对提高免疫功能，尤其是癌症放疗、化疗的辅助治疗及心脑血管病的防治有一定疗效，但均需长期服用。因其服用方便且价格相对低廉，故灵芝的口服制剂有很大的推广前景，也深受广大使用者的欢迎。灵芝的注射剂制作成本高，纯化技术难度大，不如口服制剂使用方便，且注射剂只限定特殊人群使用。

灵芝流浸膏（1mL与原药材1g相等）或浸膏（1g相当于原材料2～5g）制备方法的选择应根据临床疗效需要，并结合受众的实际情况来决定。灵芝中含有多种成分，其主要成分为多糖、三萜类、核苷类、甾醇、生物碱、多肽等。灵芝不同成分在水中及醇中的溶解度不一样，生产者可根据产品的不同功效采取不同的提取方法。

1.水提取

（1）原料选择及处理　选择自然成熟无霉变、干燥的灵芝子实体，切碎洗净备用。

（2）水提取　将处理后的灵芝放入反应罐中，加水润湿并盖没样品，灵芝与水的比例为1∶14，以不超过夹层反应罐2/3的体积为限，夹层通入蒸汽加热，保持沸腾3h，倒出水提液。药渣再重复提取1次，两次提取的药液合并备用。

（3）浓缩　将以上两次提取液过滤后合并，置于真空浓缩罐中浓缩流浸膏或浸膏备用。

2.醇提取

（1）原料选择及处理　选择自然成熟无霉变、干燥的灵芝子实体，切碎洗净备用。

（2）乙醇回流提取　将处理后的灵芝原材料置于有冷凝器回流装置的夹层反应罐中，加入70%的酒精（食用或药用）、浸没并超过药材的高度，夹层罐蒸汽加热回流2h，重复此操作2次，合并3次回收的液体。

（3）回收乙醇　将上一步回收的留液静置24h，吸取上清液减压回收乙醇，浓缩至每毫升含1g生药量。

（4）醇沉淀　将上述浓缩后的流膏中缓缓加入95%乙醇，不断搅拌，使含醇量达70%。静置24h以上，待沉淀完全后吸取上清液，减压回收乙醇，浓缩至每毫升含2g生药量。

（5）水沉淀　在以上浓缩液中缓缓加入等量新煮热的蒸馏水（70℃），不断搅拌均匀，在3～5℃下静置24h以上，待沉淀完全后，过滤滤液，减压浓缩至每毫升含生药2～5g，即成浸膏备用。

3.渗滤法提取

（1）原料选择及处理　选择自然成熟、无霉变、干燥的灵芝子实体，切碎洗净备用。为使提取效果更好，灵芝子实体应粉碎至黄豆大小。

（2）工具及渗滤方法

①工具。渗滤桶一般为圆柱形或圆锥形不锈钢或陶瓷筒，筒的下面呈漏斗状，漏斗底部用几层纱布固定，避免药粉进入管内，出口可直接连接橡胶管。

②方法。将灵芝子实体洗净，粉碎成小粒，置于有盖渗滤筒内，加入70%乙醇（食用或药用）润湿后密闭，放置24h后开始渗透。一般装药量约为筒体的2/3，加入乙醇量高于药材，为使渗透时均匀不影响浸出率，可用纱布包重物压于药材表面，重物应不能与酒精发生反应。开始渗透后，渗透液以每分钟3～5mL流速进行。如果药粉量多流量可适当放快，随时补充乙醇，以防断滤现象发生，影响滤液浓度。将最初流出的约850mL滤液保存，继续渗滤，待有效成分滤尽时，将得到的滤液，用低温或减压蒸馏回收乙醇，残液以低温蒸发至膏状，加入最初保存的滤液，搅匀，取适量测其乙醇含量及有效成分使其乙醇含量、有效成分均符合规定标准。

4.醇提取与水提取混合　本方法是把灵芝中醇溶性和水溶性成分都提取出来，此方法对灵芝的成分提取最完全，提取后的浓缩液活性成分含量最高，也最全面。

将灵芝子实体按上述方法处理，先用醇提法提取后，其残渣再用水提取（或先用水提取再用醇提取），将两种方法提取后的流液混合，减压浓缩即得既含醇溶性成分又含水溶性成分的浸膏。灵芝深层发酵培养得到的灵芝菌丝体也可用以上几种方法制备浸膏。

四、灵芝片剂的制备

取灵芝浸膏，加入可溶性淀粉或其他赋性剂，混合均匀后制粒，颗粒在60℃以下干燥，冷却后整粒，加入适量硬脂酸镁或其他润滑剂后即可压制成片剂（素片），素片在糖衣锅中包糖衣后即为糖衣片。其标准应符合《中华人民共和国药典》（2020版）片剂项中的各项要求。

五、灵芝胶囊的制备

1.可将灵芝流浸膏或浸膏以喷雾干燥后的粉直接装入胶囊中使用。但因浸膏粉的吸湿性较强，如果包装密闭性不好，就容易吸湿结块。

2.将灵芝流浸膏或浸膏加入适量淀粉或其他辅料制成颗粒后，在全自动胶囊机中充填装入胶囊即成。其质量标准应符合《中华人民共和国药典》（2020版）胶囊剂项中的各项要求。

六、灵芝颗粒（冲剂）的制备

取灵芝流浸膏或浸膏加入适量糊精、糖粉混合搅拌均匀，在搅拌机中制成干湿合适的软材，在颗粒机中通过12～14目尼龙筛网，颗粒于60℃以下干燥，整粒后装袋密封，即为灵芝颗粒剂。颗粒剂的水分及粒度均应符合《中华人民共和国药典》（2020版）颗粒剂项中的各项要求。

七、灵芝糖浆的制备

将灵芝流浸膏或浸膏加水，加水量视生药含量而定，然后将白糖或其他糖分溶解于水中煮沸过滤（含中药的糖浆剂含糖量在50%左右），再与灵芝液合并，煮沸、过滤并加入0.03%左右尼泊金乙酯，为防止酵母菌的污染，可调节pH至3～3.5。按《中华人民共和国药典》（2020版）糖浆剂项中的各项要求测定合格后装瓶。

八、灵芝酒的制备

灵芝酒的制备一般分为两类，一类是浸泡酒，一类是酿造酒。

1.浸泡酒　取灵芝子实体洗净、干燥、切片或粉碎为细小块状后，置于瓷坛或其他玻璃容器中，加入高度（50% Vol. 以上）白酒密封，在常温下浸泡15d以上，过滤掉灵芝残渣即可，也可加入适量的糖、蜂蜜、枸杞、大枣等调味。浸泡酒时根据灵芝种类的不同，白酒与灵芝的比例也不同，赤芝与酒的比例为1：（15 ～ 20），紫芝、白芝的比例为1：（10 ～ 15）。

2.酿造酒

（1）**菌丝体酿造酒**　菌丝体酿造酒即采用灵芝菌丝体菌丝与做酒所需的谷物（粮食）混合后发酵所得。

具体做法为：谷物经水浸泡，蒸煮晾冷后加入灵芝液体菌种，经过15 ～ 20d固体发酵后，再采用传统的酿酒方式进行加工，所得的酒即为灵芝酒。

（2）**子实体酿造酒**　该酿制法系福建、浙江等地民间家庭、作坊制作黄酒的方式。其工艺分为两种方法：

其一，分为灵芝处理和糯米酒的制备。方法为：①采用水提取法提取灵芝中的活性成分，提取后的汁液过滤备用。②选取优质糯米，淘洗、浸泡、蒸熟，冷却到28℃以下后拌入红曲粉或白曲粉（糯米与曲粉的比例为10：3），装缸，按实，缸中间留一坑洞，加入提取后的灵芝汁液（灵芝汁液不够时加入放凉的开水，糯米与水的比例为1：10），密封发酵，经1 ～ 1.5个月的时间发酵，即得灵芝糯米酒。灵芝与糯米的比例为1：（2 ～ 3），若采用紫芝或白芝，可适当提高灵芝的比例。

其二，采用灵芝子实体与糯米同时发酵的方法进行。具体的操作为：选取优质糯米，淘洗、浸泡、与灵芝一起蒸熟，晾冷后，拌入红曲粉或白曲粉，装缸，灵芝装入缸的最下层，拌入曲粉的糯米饭放于上层，按实，缸中间留一坑洞，经1 ～ 1.5个月的时间发酵，即得灵芝糯米酒。

参考文献

国家药典委员会, 2000. 中华人民共和国药典[M]. 2部. 北京: 化学工业出版社.

李丹妮, 朱长俊, 等, 2021. 灵芝种植及初加工研究进展[J]. 南方农业, 15(8): 233-235.

李国平, 2017. 破壁灵芝孢子粉酶解生产工艺的研究[J]. 江西化工(5): 135.

林志彬, 2001. 灵芝的现代研究[M]. 北京: 北京大学医学出版社.

刘静雪, 李凤林, 刘艳霞, 2017. 响应面优化灵芝孢子粉挤出破壁工艺[J]. 食品研究与开发, 15: 117-121.

刘智勇, 潘永亮, 等, 2007. 超细气流粉碎技术在轻工业中的应用[J]. 皮革科学与工程(3): 35-38.

陆彬, 1998. 药物新剂型与新技术[M]. 北京: 人民卫生出版社.

陆文梁, 林忠平, 等, 1985. 灵芝[M]. 北京: 科学出版社.

马超, 马传贵, 2020. 灵芝孢子粉破壁技术及灵芝类保健食品开发研究进展[J]. 中国食用菌, 39(2): 8-12.

王德芝, 陈琼, 2009. 几种因素对灵芝孢子萌发的影响[J]. 中国农学通报, 25(23): 102-104.

王亚娜, 陆亚鹏, 等, 2004. 环糊精及衍生物/药物包合常数的测定方法及其应用[J]. 药学进展, 28(1): 23-28.

王志详, 李红娟, 等, 2007. 微波萃取技术及其在中药有效成分提取中的应用[J]. 时珍国医国药(5): 1245-1247.

吴映明, 陈爱葵, 彭锦红, 等, 2008. 超声波-超低温冻融处理对灵芝孢子粉多糖提取的影响[J]. 中国食用菌, 27(3): 34-35.

夏志兰, 王春晖, 姜性坚, 等, 2005. 灵芝孢子粉生物酶破壁技术的研究[J]. 食用菌学报, 12(1): 14-18.

杨连威, 赵晓燕, 李婷, 等, 2008. 中药超微粉碎后对其性能的影响研究[J]. 世界科学技术: 中医药现代化, 10(6): 77-81.

张嫚, 张兰, 2005. 灵芝多糖的分离纯化和药理活性及在功能食品中的应用[J]. 食品研究与开发, 26(1): 118-120.

张群, 2012. 果蔬变温压差膨化干燥技术研究[J]. 食品与生物技术学报, 31(4): 448.

张守勤, 朱俊洁, 等, 2004. 灵芝孢子食用方法与破壁技术研究进展[J]. 农业机械学报, 35(2): 160-162.

张宇, 邱林叔, 等, 2016. 灵芝功能成分及其饮料的研发现状[J]. 四川农业科技 (3): 42-44.

郑丹婷, 蔡思敏, 等, 2016. 灵芝多糖的提取、分离及分析方法的研究进展[J]. 工艺与装备, 473(11): 33-37.

周萍, 安乐, 王朝川, 等, 2012. 变温压差脆化破壁灵芝孢子技术考察[J]. 中国实验方剂学杂志, 18(20): 16-19.

Alzorqi I, Singh A, et al., 2017. Optimization of ultrasound assisted extraction (UAE) of β-D-glucan polysaccharides from *Ganoderma lucidum* for prospective scale-up[J]. Resource-Efficient Technologies, 3(1): 46-54.

Lee W, Park Y, Ahn J K, et al., 2007. Factors influencing the production of endopolysaccharide and exopolysaccharide from *Ganoderma applanatum* [J]. Enzyme and Microbial Technology, 40:249-254.

附录一 食用菌菌种管理办法

《食用菌菌种管理办法》2006年3月27日农业部令第62号公布，2013年12月31日农业部令2013年第5号、2014年4月25日农业部令2014年第3号、2015年4月29日农业部令2015年第1号修订。

食用菌菌种管理办法

第一章 总 则

第一条 为保护和合理利用食用菌种质资源，规范食用菌品种选育及食用菌菌种（以下简称菌种）的生产、经营、使用和管理，根据《中华人民共和国种子法》，制定本办法。

第二条 在中华人民共和国境内从事食用菌品种选育和菌种生产、经营、使用、管理等活动，应当遵守本办法。

第三条 本办法所称菌种是指食用菌菌丝体及其生长基质组成的繁殖材料。

菌种分为母种（一级种）、原种（二级种）和栽培种（三级种）三级。

第四条 农业部主管全国菌种工作。县级以上地方人民政府农业（食用菌，下同）行政主管部门负责本行政区域内的菌种管理工作。

第五条 县级以上地方人民政府农业行政主管部门应当加强食用菌种质资源保护和良种选育、生产、更新、推广工作，鼓励选育、生产、经营相结合。

第二章 种质资源保护和品种选育

第六条 国家保护食用菌种质资源，任何单位和个人不得侵占和破坏。

第七条 禁止采集国家重点保护的天然食用菌种质资源。确因科研等特殊情况需要采集的，应当依法申请办理采集手续。

第八条 任何单位和个人向境外提供食用菌种质资源（包括长有菌丝体的栽培基质及用于菌种分离的子实体），应当报农业部批准。

第九条 从境外引进菌种，应当依法检疫，并在引进后30日内，送适量菌种至中国农业微生物菌种保藏管理中心保存。

第十条 国家鼓励和支持单位和个人从事食用菌品种选育和开发，鼓励科研单位与企业相结合选育新品种，引导企业投资选育新品种。

选育的新品种可以依法申请植物新品种权，国家保护品种权人的合法权益。

第十一条 食用菌品种选育（引进）者可自愿向全国农业技术推广服务中心申请品种认定。全国农业技术推广服务中心成立食用菌品种认定委员会，承担品种认定的技术鉴定工作。

第十二条 食用菌品种名称应当规范。具体命名规则由农业部另行规定。

第三章 菌种生产和经营

第十三条 从事菌种生产经营的单位和个人，应当取得《食用菌菌种生产经营许可证》。

仅从事栽培种经营的单位和个人，可以不办理《食用菌菌种生产经营许可证》，但经营者要具备菌种的相关知识，具有相应的菌种贮藏设备和场所，并报县级人民政府农业行政主管部门备案。

第十四条 母种和原种《食用菌菌种生产经营许可证》，由所在地县级人民政府农业行政主管部门审核，省级人民政府农业行政主管部门核发，报农业部备案。

栽培种《食用菌菌种生产经营许可证》由所在地县级人民政府农业行政主管部门核发，报省级人民政府农业行政主管部门备案。

第十五条 申请母种和原种《食用菌菌种生产经营许可证》的单位和个人，应当具备下列条件：

（一）生产经营母种注册资本100万元以上，生产经营原种注册资本50万元以上；

（二）省级人民政府农业行政主管部门考核合格的检验人员1名以上、生产技术人员2名以上；

（三）有相应的灭菌、接种、培养、贮存等设备和场所，有相应的质量检验仪器和设施。生产母种还应当有做出菇试验所需的设备和场所。

（四）生产场地环境卫生及其他条件符合农业部《食用菌菌种生产技术规程》要求。

第十六条 申请栽培种《食用菌菌种生产经营许可证》的单位和个人，应当具备下列条件：

（一）注册资本10万元以上；

（二）省级人民政府农业行政主管部门考核合格的检验人员1名以上、生产技术人员1名以上；

（三）有必要的灭菌、接种、培养、贮存等设备和场所，有必要的质量检验仪器和设施；

（四）栽培种生产场地的环境卫生及其他条件符合农业部《食用菌菌种生产技术规程》要求。

第十七条 申请《食用菌菌种生产经营许可证》，应当向县级人民政府农业行政主管部门提交下列材料：

（一）食用菌菌种生产经营许可证申请表；

（二）营业执照复印件；

（三）菌种检验人员、生产技术人员资格证明；

（四）仪器设备和设施清单及产权证明，主要仪器设备的照片；

（五）菌种生产经营场所照片及产权证明；

（六）品种特性介绍；

（七）菌种生产经营质量保证制度。

申请母种生产经营许可证的品种为授权品种的，还应当提供品种权人（品种选育人）授权的书面证明。

第十八条　县级人民政府农业行政主管部门受理母种和原种的生产经营许可申请后，可以组织专家进行实地考察，但应当自受理申请之日起20日内签署审核意见，并报省级人民政府农业行政主管部门审批。省级人民政府农业行政主管部门应当自收到审核意见之日起20日内完成审批。符合条件的，发给生产经营许可证；不符合条件的，书面通知申请人并说明理由。

县级人民政府农业行政主管部门受理栽培种生产经营许可申请后，可以组织专家进行实地考察，但应当自受理申请之日起20日内完成审批。符合条件的，发给生产经营许可证；不符合条件的，书面通知申请人并说明理由。

第十九条　菌种生产经营许可证有效期为3年。有效期满后需继续生产经营的，被许可人应当在有效期满2个月前，持原证按原申请程序重新办理许可证。

在菌种生产经营许可证有效期内，许可证注明项目变更的，被许可人应当向原审批机关办理变更手续，并提供相应证明材料。

第二十条　菌种按级别生产，下一级菌种只能用上一级菌种生产，栽培种不得再用于扩繁菌种。

获得上级菌种生产经营许可证的单位和个人，可以从事下级菌种的生产经营。

第二十一条　禁止无证或者未按许可证的规定生产经营菌种；禁止伪造、涂改、买卖、租借《食用菌菌种生产经营许可证》。

第二十二条　菌种生产单位和个人应当按照农业部《食用菌菌种生产技术规程》生产，并建立菌种生产档案，载明生产地点、时间、数量、培养基配方、培养条件、菌种来源、操作人、技术负责人、检验记录、菌种流向等内容。生产档案应当保存至菌种售出后2年。

第二十三条　菌种经营单位和个人应当建立菌种经营档案，载明菌种来源、贮存时间和条件、销售去向、运输、经办人等内容。经营档案应当保存至菌种销售后2年。

第二十四条　销售的菌种应当附有标签和菌种质量合格证。标签应当标注菌种种类、品种、级别、接种日期、保藏条件、保质期、菌种生产经营许可证编号、执行标准及生产者名称、生产地点。标签标注的内容应当与销售菌种相符。

菌种经营者应当向购买者提供菌种的品种种性说明、栽培要点及相关咨询服务，并对菌种质量负责。

第四章　菌种质量

第二十五条　农业部负责制定全国菌种质量监督抽查规划和本级监督抽查计划，县级以上地方人民政府农业行政主管部门负责对本行政区域内菌种质量的监督，根据全国规划和当地实际情况制定本级监督抽查计划。

菌种质量监督抽查不得向被抽查者收取费用。禁止重复抽查。

第二十六条　县级以上人民政府农业行政主管部门可以委托菌种质量检验机构对菌种质量进行检验。

承担菌种质量检验的机构应当具备相应的检测条件和能力，并经省级以上人民政府有关主管部门考核合格。

第二十七条　菌种质量检验机构应当配备菌种检验员。菌种检验员应当具备以下条件：

（一）具有相关专业大专以上文化水平或者具有中级以上专业技术职称；

（二）从事菌种检验技术工作3年以上；

（三）经省级以上人民政府农业行政主管部门考核合格。

第二十八条　禁止生产、经营假、劣菌种。

有下列情形之一的，为假菌种：

（一）以非菌种冒充菌种；

（二）菌种种类、品种、级别与标签内容不符的。

有下列情形之一的，为劣菌种：

（一）质量低于国家规定的种用标准的；

（二）质量低于标签标注指标的；

（三）菌种过期、变质的。

第五章 进出口管理

第二十九条 从事菌种进出口的单位，除具备菌种生产经营许可证以外，还应当依照国家外贸法律、行政法规的规定取得从事菌种进出口贸易的资格。

第三十条 申请进出口菌种的单位和个人，应当填写《进（出）口菌种审批表》，经省级人民政府农业行政主管部门批准后，依法办理进出口手续。

菌种进出口审批单有效期为3个月。

第三十一条 进出口菌种应当符合下列条件：

（一）属于国家允许进出口的菌种质资源；

（二）菌种质量达到国家标准或者行业标准；

（三）菌种名称、种性、数量、原产地等相关证明真实完备；

（四）法律、法规规定的其他条件。

第三十二条 申请进出口菌种的单位和个人应当提交下列材料：

（一）《食用菌菌种生产经营许可证》复印件、营业执照副本和进出口贸易资格证明；

（二）食用菌品种说明；

（三）符合第三十一条规定条件的其他证明材料。

第三十三条 为境外制种进口菌种的，可以不受本办法第二十九条限制，但应当具有对外制种合同。进口的菌种只能用于制种，其产品不得在国内销售。

从境外引进试验用菌种及扩繁得到的菌种不得作为商品菌种出售。

第六章　附　则

第三十四条　违反本办法规定的行为，依照《中华人民共和国种子法》的有关规定予以处罚。

第三十五条　本办法所称菌种种性是指食用菌品种特性的简称，包括对温度、湿度、酸碱度、光线、氧气等环境条件的要求，抗逆性、丰产性、出菇迟早、出菇潮数、栽培周期、商品质量及栽培习性等农艺性状。

第三十六条　野生食用菌菌种的采集和进出口管理，应当按照《农业野生植物保护办法》的规定，办理相关审批手续。

第三十七条　本办法自2006年6月1日起施行。1996年7月1日农业部发布的《全国食用菌菌种暂行管理办法》（农农发〔1996〕6号）同时废止，依照《全国食用菌菌种暂行管理办法》领取的菌种生产、经营许可证自有效期届满之日起失效。

附录二 食用菌菌种生产技术规程

食用菌菌种生产技术规程（NY/T 528—2010）

1 范围

本标准规定了食用菌菌种生产的场地、厂房设置和布局、设备设施、使用品种、生产工艺流程、技术要求、标签、标志、包装、运输和贮存等。

本标准适用于不需要伴生菌的各种各级食用菌菌种生产。

2 规范性引用文件

下列文件对于本文件的应用是必不可少的。凡是注日期的引用文件，仅注日期的版本适用于本文件。凡是不注日期的引用文件，其最新版本（包括所有的修改单）适用于本文件。

GB 191 包装储运图示标志（GB 191—2008，ISO 780：1997，MOD）

GB 9688 食品包装用聚丙烯成型品卫生标准

GB/T 12728—2006 食用菌术语

NY/T 1742—2009 食用菌菌种通用技术要求

3 术语和定义

GB/T 12728—2006 界定的术语，以及下列术语和定义适用于本文件。为了便于使用，以下重复列出了GB/T 12728—2006中的一些术语和定义。

3.1 食用菌 edible mushroom

可食用的大型真菌，包括食用、食药兼用和药用三大类用途的种类。

注：改写 GB/T 12728—2006，定义 2.1.4。

3.2　品种 variety

经各种方法选育出来的具特异性、一致（均一）性和稳定性可用于商业栽培的食用菌纯培养物。[GB/T 12728—2006，2.5.1]

3.3　菌种 spawn

生长在适宜基质上具结实性的菌丝培养物，包括母种、原种和栽培种。[GB/T 12728—2006，2.5.6]

3.4　母种 stock culture

经各种方法选育得到的具有结实性的菌丝体纯培养物及其继代培养物。也称一级种、试管种。[GB/T 12728—2006，2.5.7]

3.5　原种 mother spawn

由母种移植、扩大培养而成的菌丝体纯培养物。也称二级种。[GB/T 12728—2006，2.5.8]

3.6　栽培种 planting spawn

由原种移植、扩大培养而成的菌丝体纯培养物。栽培种只能用于栽培，不可再次扩大繁殖菌种。也称三级种。[GB/T 12728—2006，2.5.9]

3.7　种木 wood-pieces

采用一定形状和大小的木质颗粒或树枝培养的纯培养物，也称种粒或种枝。

注：改写 GB/T 12728—2006，定义 2.5.24。

3.8　固体培养基 solid medium

以富含木质纤维素或淀粉天然物质为主要原料，添加适量的有机氮源和无机盐类，具一定水分含量的培养基。常用的主要原料有：木屑、棉籽壳、秸秆、麦粒、谷粒、玉米粒等。常用的有机氮源有麦麸、米糠等。常用的无机盐类有硫酸钙、硫酸镁、磷酸二氢钾等。固定培养基包括以阔叶树木屑为主要原料的木屑培养基、以草本植物为主要原料的草料培养基、以禾谷类种子为主要原料的谷粒培养基、以粪草为主要原料的粪草发酵料培养基、以种粒或种枝为主要原料的种木培养基、以棉籽壳为主要原料的

棉籽壳培养基等。

3.9　种性 characters of variety

食用菌的品种特性，是鉴别食用菌菌种或品种优劣的重要标准之一。一般包括对温度、湿度、酸碱度、光线和氧气的要求，抗逆性、丰产性、出菇迟早、出菇潮数、栽培周期、商品质量及栽培习性等农艺性状。

注：改写 GB/T 12728—2006，定义 2.5.4。

3.10　批次 spawn batch

同一来源、同一品种、同一培养基配方、同一天接种、同一培养条件和质量基本一致的符合规定数量的菌种。每批次数量母种 ≥ 50 支、原种 ≥ 200 瓶（袋）、栽培种 ≥ 2 000 瓶（袋）。

4　要求

4.1　技术人员

应有菌种生产所需要的技术人员，包括检验人员。

4.2　场地选择

4.2.1　基本要求

地势高燥，通风良好，排水畅通，交通便利。

4.2.2　环境卫生要求

300m 之内无规模养殖的禽畜舍、垃圾和粪便堆积场，无污水、废气、废渣、烟尘和粉尘污染源，50m 内无食用菌栽培场、集贸市场。

4.3　厂房设置和布局

4.3.1　设置和建造

4.3.1.1　总则

有各自隔离的摊晒场、原材料库、配料分装室（场）、灭菌室、冷却室、接种室、培养室、贮存室、菌种检验室等。厂房从结构和功能上应满足食用菌菌种生产的基本需要。

4.3.1.2　摊晒场

地面平整、光照充足、空旷宽阔、远离火源。

4.3.1.3 原材料库

防雨防潮，防虫、防鼠、防火、防杂菌污染。

4.3.1.4 配料分装室（场）

水电方便，空间充足。如安排在室外，应有天棚，防雨防晒。

4.3.1.5 灭菌室

水电安装合理，操作安全，通风良好，排气通畅，进出料方便，热源配套。

4.3.1.6 冷却室

洁净、防尘、易散热。

4.3.1.7 接种室

防尘性能良好，内壁和屋顶光滑，易于清洗和消毒，换气方便，空气洁净。

4.3.1.8 培养室和贮存室

内壁和屋顶光滑，便于清洗和消毒；墙壁厚度适当，利于控温、控湿，便于通风；有防虫防鼠措施。

4.3.1.9 菌种检验室

水电方便，利于装备相应的检验仪器和设备。

4.3.2 布局

应按菌种生产工艺流程合理安排布局，无菌区与有菌区有效隔离。

4.4 设备设施

4.4.1 基本设备

应具有磅秤、天平、高压灭菌锅和常压灭菌锅、净化工作台或接种箱、调温设备、除湿设备、培养架、恒温箱或培养室、冰箱或冷库、显微镜等及常规用具。高压灭菌锅应使用经有资质部门生产与检验的安全合格产品。

4.4.2 基本设施

配料、分装、灭菌、冷却、接种、培养等各环节的设施应配套。冷却室、接种室、培养室和贮存室都要有满足其功能的基本配套设施，如控温设施、消毒设施。

 灵芝栽培技术

4.5 使用品种和种源

4.5.1 品种

从具有相应技术资质的供种单位引种，且种性清楚。不应使用来历不明、种性不清、随意冠名的菌种和生产性状未经系统试验验证的组织分离物做种源生产菌种。

4.5.2 种源质量检验

母种生产单位每年在种源进入扩大生产程序之前，应进行菌种质量和种性检验，包括纯度、活力、菌丝长势的一致性、菌丝生长速度、菌落外观等，并作出菇试验，验证种性。种源出菇试验的方法及种源质量要求，应符合NY/T1742—2009中5.4的规定。

4.5.3 移植扩大

母种仅用于移植扩大原种，一支母种移植扩大原种不应超过6瓶（袋）；原种移植扩大栽培种，一瓶谷粒种不应超过50瓶（袋），木屑种、草料种不应超过35瓶（袋）。

4.6 生产工艺流程

培养基配制→分装→灭菌→冷却→接种→培养（检查）→成品。

4.7 生产过程中的技术要求

4.7.1 容器

4.7.1.1 使用原则

每批次菌种的容器规格要一致。

4.7.1.2 母种

使用玻璃试管或培养皿。试管的规格180mm×180mm或200mm×200mm。棉塞要使用梳棉或化纤棉，不应使用脱脂棉；也可用硅胶塞代替棉塞。

4.7.1.3 原种

使用850mL以下、耐126℃高温的无色或近无色的、瓶口直径≤4cm的玻璃瓶或近透明的耐高温塑料瓶，或15cm×28cm耐126℃高温符合GB 9688卫生规定的聚丙烯塑料袋。各类容器都应使用棉塞，棉塞应符合4.7.1.2规定；也可用能满足滤菌和透气要求的无棉塑料盖代替棉塞。

4.7.1.4　栽培种

使用符合4.7.1.3规定的容器，也可使用≤17cm×35cm耐126℃高温符合GB 9688卫生规定的聚丙烯塑料袋。各类容器都应使用棉塞或无棉塑料盖，并符合4.7.1.3规定。

使用耐126℃高温的具孔径0.2～0.5μm无菌透气膜的聚丙烯塑料袋，长宽厚为630mm×360mm×80μm，无菌透气膜2个，大小35mm×35mm；或长宽厚为495mm×320mm×60μm，无菌透气膜1个，大小35mm×35mm。

4.7.2　培养原料

4.7.2.1　化学试剂类

化学试剂类原料如硫酸镁、磷酸二氢钾等，要使用化学纯或以上级别的试剂。

4.7.2.2　生物制剂和天然材料类

生物制剂如酵母粉和蛋白胨，天然材料如木屑、棉籽壳、麦麸等，要求新鲜、无虫、无螨、无霉、洁净、干燥。

4.7.3　培养基配方

4.7.3.1　母种培养基

一般应使用附录A中第A.1章规定的马铃薯葡萄糖琼脂培养基（PDA）或第A.2章规定的综合马铃薯葡萄糖琼脂培养基（CPDA），特殊种类需加入其生长所需特殊物质，如酵母粉、蛋白胨、麦芽汁、麦芽糖等，但不应过富。严格掌握pH。

4.7.3.2　原种和栽培种培养基

根据当地原料资源和所生产品种的要求，使用适宜的培养基配方（附录B），严格掌握含水量和pH，培养料填装要松紧适度。

4.7.4　灭菌

培养基配制后应在4h内进锅灭菌。母种培养基灭菌0.11～0.12MPa，30min。木屑培养基和草料培养基灭菌0.12MPa，1.5h或0.14～0.15MPa，1h；谷粒培养基、粪草培养基和种木培养基灭菌0.14～0.15MPa，2.5h。装容量较大时，灭菌时间要适当延长。灭菌完毕后，应自然降压，不应强制降压。常压灭菌时，在3h之内使灭菌室温度达到100℃，保持100℃ 10 ～ 12h。母种培养基、原种培养基、谷粒培养基、粪草培养基和种木培养基，应高压灭菌，不应常压灭菌。灭菌时应防止棉塞被冷凝水打湿。

4.7.5　灭菌效果和检查

母种培养基随机抽取3% ～ 5%的试管，直接置于28℃恒温培养；原种和栽培种培养基按每次灭菌的数量随机抽取1%作为样品，挑取其中的基质颗粒经无菌操作接种于附录A.1规定的PDA培养基中，于28℃恒温培养；48h后检查，无微生物长出的为灭菌合格。

4.7.6　冷却

冷却室使用前要进行清洁和除尘处理，然后转入待接种的原种瓶（袋）或栽培瓶（袋），自然冷却到适宜温度。

4.7.7　接种

4.7.7.1　接种室（箱）的基本处理程序

清洁→搬入接种物和被接种物→接种室（箱）的消毒处理。

4.7.7.2　接种室（箱）的消毒方法

应药物消毒后，再用紫外灯照射。

4.7.7.3　净化工作台的消毒处理方法

应先用75%酒精或新洁尔灭溶液进行表面擦拭消毒，之后预净20min。

4.7.7.4　接种操作

在无菌室（箱）或净化工作台上严格按无菌操作接种。每一箱（室）接种应为单一品种，避免错种，接种完成后及时贴好标签。

4.7.7.5　接种点

各级菌种都应从容器开口处一点接种，不应打孔多点接种。

4.7.7.6　接种室（箱）后处理

接种室（箱）每次使用后，要及时清理清洁，排除废气，清除废物，台面要用75%酒精或新洁尔灭溶液进行表面擦拭消毒。

4.7.8　培养室处理

在使用培养室的前两天，采用无扬尘方法清洁，并进行药物消毒灭菌和杀虫。

4.7.9　培养

不同种类或不同品种应分区培养。根据培养物的不同生长要求，给予其适宜的培养温度（多在室温20～24℃），保持空气相对湿度在75%以下，通风，避光。

4.7.10　培养期的检查

各级菌种培养期间应定期检查，及时拣出不合格菌种。

4.7.11　入库

完成培养的菌种要及时登记入库。

4.7.12　记录

生产各环节应详细记录

4.7.13　留样

各级菌种都应留样备查，留样的数量应以每个批号3支（瓶、袋）。草菇在13～16℃贮存；除竹荪、毛木耳的母种不适于冰箱贮存外，其他种类有条件时，母种于4～6℃贮存；原种和栽培种于1～4℃贮存至使用者购买后在正常生产条件下该批菌种种出第一潮菇（耳）。

5　标签、标志、包装、运输和贮存

5.1　标签、标志

出售的菌种应贴标签。注明菌种种类、品种、级别、接种日期、生产单位、地址、电话等。外包装上应有防晒、防潮、防倒立、防高温、防雨、防重压等标志。标志应符合GB 191的规定。

5.2　包装

母种的外包装用木盒或有足够强度的纸盒，原种和栽培种的外包装用木箱或有足够强度的纸箱，盒（箱）内除菌种外的空隙用轻质材料填满塞牢。盒（箱）内附使用说明书。

5.3　运输

各级菌种运输时不得与有毒有害物品混装混运。运输中应有

防晒、防潮、防雨、防冻、防震及防止杂菌污染的设施和措施。

5.4　贮存

应在干燥、低温、无阳光直射、无污染的场所贮存。草菇在13 ～ 16℃贮存；除竹荪、毛木耳母种不适于冰箱贮存外，其他种类有条件时，母种于4 ～ 6℃、原种和栽培种于1 ～ 4℃的冰箱或冷库内贮存。

附录三 常见问题解答^①

1.野生灵芝好，还是栽培的好？

一直以来，灵芝作为药用价值高的名贵药材，人们都觉得野生的灵芝比人工栽培的要好，营养成分更高。因此，野生灵芝的价格一直居高不下，很多消费者仍愿意购买。然而野生灵芝的药效成分真的比人工栽培的灵芝好吗？

灵芝作为一种真菌，其自身不能进行光合作用，主要靠菌丝分解木质素、纤维素或其他有机物进行生长，因此，灵芝的品质主要与自身品种、菌丝分解物及其生长环境有着密切的关系。第一，自然界中微生物含量多，许许多多与灵芝相似的真菌混杂其中，难以辨别，且这些野生真菌大部分未经过药效和毒性研究，不能随便食用。第二，在野生环境下，灵芝附着物差异大，很难获得高品质、质量稳定的灵芝产品。第三，野生灵芝生长环境差异大，且未进行土壤鉴定分析，致使有些地方的土壤重金属含量高，相应灵芝产品的品质也较差。第四，野生环境中的灵芝不能及时采摘，且虫害也比较严重，从而影响灵芝的品质，且灵芝的有效成分随着灵芝年份的增加而逐渐减少，药效也因此受到影响。

早在20世纪50年代我国就已经对灵芝进行人工栽培了，目前栽培技术已经很成熟，可以根据消费者的需要定向培育灵芝产品。因此，人工栽培的灵芝比野生灵芝要好。

2.灵芝子实体和菌丝体是什么？

灵芝菌丝在温度、光照、湿度、营养适宜的条件下，菌丝与

---

① 附录三所述常见问题解答的内容，由笔者根据多年经验自行整理而成。

菌丝之间不断扭结形成灵芝原基，原基不断分化，形成灵芝菌盖、菌柄，我们口中所说、眼中所看到的有菌盖、菌柄的灵芝即是灵芝子实体。

灵芝菌丝体是灵芝还未形成子实体前营养生长阶段的状态，灵芝的菌丝白色，呈白色绒毛状，纤细，整齐，有分枝，多弯曲，菌丝尖端直径较细，直径 $0.8 \sim 1.2 \mu m$，菌丝中部直径 $1.6 \sim 2.2 \mu m$，初生菌丝壁厚无隔膜。随着菌丝的不断生长，许多菌丝连接在一起即组成了菌丝体。灵芝菌丝体也有一定的活性功效，因此，在灵芝类产品中也有人把灵芝菌丝体用作灵芝产品的原材料使用。

3.什么是灵芝超细粉？什么是灵芝提取物？什么是灵芝孢子粉？

灵芝超细粉是指灵芝子实体经过切片后，利用超微粉碎技术把灵芝片再进行粉碎，实际上就是灵芝子实体的粉状形态。此粉相对于灵芝子实体来说更容易消化吸收，但灵芝超细粉中有大量的纤维素，不能被人体吸收利用。其有效成分比灵芝提取物和灵芝孢子粉要低。

灵芝提取物是指灵芝子实体经过水提、醇提等方法把灵芝子实体中的有效成分提取出来，再经过技术手段把提取后的液体和固体分离，固体经过干燥后形成的浸膏或添加糊精等形成的粉状物。灵芝提取物很苦且容易吸潮，一般用于复方的原料或套入胶囊食用。

灵芝孢子粉是灵芝的种子，是灵芝在生长成熟期通过菌孔弹射出来的灵芝种子，根据灵芝品种的不同，灵芝孢子粉的弹射含量也不同。灵芝孢子粉的大小根据品种的不同而略有不同，一般灵芝孢子粉的大小（长×宽）为：$(6 \sim 11) \mu m \times (4 \sim 7) \mu m$，用手摸起来很光滑。

4.灵芝孢子粉为什么要破壁？

灵芝孢子粉具有双层的细胞壁，细胞壁由几丁质、粗纤维等物质构成，且灵芝孢子中无机元素硅、钙主要存在于细胞壁上，导致灵芝孢子粉很坚硬。由于细胞壁结构复杂，不易被破坏，且耐酸碱，难以被人体胃酸溶解，因此不破壁的孢子进入人体后，不能消化，孢子粉里的有效成分不能释放出来，也就不能被人体吸收利用。有研究表明，破壁后的灵芝孢子粉有效成分吸收率在95%以上，且破壁后的灵芝孢子粉中多糖、三萜类物质含量明显高于未破壁的灵芝孢子粉。因此，吃灵芝孢子粉时，一定要吃破壁后的灵芝孢子粉。

5.灵芝孢子粉苦不苦？

未破壁的灵芝孢子粉吃起来不苦，破壁后的灵芝孢子粉吃起来有灵芝的香味，一般吃不出来苦味。但有些复合配方的灵芝孢子粉有苦味，这些孢子粉中主要添加了灵芝水提物以及灵芝超细粉。

6.家庭如何保存灵芝和灵芝孢子粉？

家庭购买的灵芝子实体或破壁孢子粉要及时食用。子实体买回来后在太阳下暴晒，直到重量不再变化时用袋子密封后放在干燥阴凉处保存，要注意防霉、防虫，隔一段时间拿出来晒晒，保持子实体干燥。

灵芝孢子粉中含有孢子油，破壁后孢子油会释放出来，孢子油在高温时容易氧化变质，因此，灵芝破壁孢子粉应放置在阴凉干燥处或冰箱里保存，以防氧化变质。新鲜的灵芝孢子粉吃起来有灵芝的清香，且粉状细腻。如果孢子粉在有效期内闻起来有哈喇味，说明此孢子粉已过期，不能食用。

7.灵芝的几种常用吃法是什么？

灵芝的主要吃法有煲汤、泡茶、煎煮、泡酒等。

（1）煲汤　灵芝可单独用于煲汤，也可与其他菌类、中药材配伍使用。在使用赤芝时，因赤芝较苦，使用量不宜太多。煲汤的灵芝常用紫芝、白芝等。一般的灵芝药膳有：灵芝炖猪脚、灵芝乌鸡汤、灵芝扶正汤、灵芝陈皮老鸭汤、灵芝清补汤等，根据食材的不同，药膳的功效也不同，有养阴润燥、健脾安神、益肾养肝、提高免疫力等。

（2）泡茶　将灵芝切片或切成丁儿放入茶杯内，用开水冲泡成茶，具有提神、消除疲劳的功效。

（3）煎煮　将灵芝切片或切成丁儿放入茶壶中，像煎中药一样熬水服用，根据口味可放入枸杞、红枣等，煎煮时间2h以上，有利于治疗失眠、腹泻等症状。

（4）泡酒　灵芝子实体、灵芝切片放入白酒中浸泡，白酒变成棕红色即可饮用，可加入适量的蜂蜜或冰糖，对改善神经衰弱、消化不良、咳嗽气喘等有显著疗效。

从灵芝有效成分的提取效果来看，泡酒更有利于把灵芝子实体的有效成分提取完整，灵芝子实体中水溶性和脂溶性的物质都能充分释放出来，药膳也可以对灵芝有效成分进行很好地提取，同时药膳还根据灵芝的特点配伍，从而达到最佳的功效。泡茶对灵芝成分的利用最低，但也是最方便、最经济的食用方式，这种方式可配合采灵芝芽食用，从而达到最佳的效果。

图书在版编目（CIP）数据

灵芝栽培技术/曾凡清主编. —北京：中国农业
出版社，2022.11（2023.4重印）
ISBN 978-7-109-30083-5

Ⅰ.①灵… Ⅱ.①曾… Ⅲ.①灵芝-栽培技术 Ⅳ.
①S567.3

中国版本图书馆CIP数据核字（2022）第176320号

中国农业出版社出版

地址：北京市朝阳区麦子店街18号楼

邮编：100125

责任编辑：李　瑜　黄　宇　文字编辑：常　静

版式设计：杜　然　责任校对：吴丽婷　责任印制：王　宏

印刷：中农印务有限公司

版次：2022年11月第1版

印次：2023年4月北京第2次印刷

发行：新华书店北京发行所

开本：880mm×1230mm　1/32

印张：5.25

字数：150千字

定价：58.00元
